公安消防部队士兵职业技能鉴定培训教材

通信与计算机专业

**TONGXINYUJISUANJI
ZHUANYE**

消防通信员高级技能

XIAOFANGTONGXINYUANGAOJIJINENG

公安部消防局 编

U0361449

南京大学出版社

图书在版编目(CIP)数据

消防通信员高级技能 / 公安部消防局编. —南京：
南京大学出版社，2016.11

公安消防部队士兵职业技能鉴定培训教材

ISBN 978 - 7 - 305 - 17849 - 8

Ⅰ. ①消… Ⅱ. ①公… Ⅲ. ①消防－通信系统－职业
技能－鉴定－教材 Ⅳ. ①TU998.13

中国版本图书馆 CIP 数据核字(2016)第 255414 号

出版发行 南京大学出版社
社　　址 南京市汉口路 22 号　　邮　编　210093
出 版 人 金鑫荣

丛 书 名 公安消防部队士兵职业技能鉴定培训教材
书　　名 消防通信员高级技能
编　　者 公安部消防局
责任编辑 董 薇 吴 华　　　编辑热线 025 - 83596997

照　　排 南京理工大学资产经营有限公司
印　　刷 虎彩印艺股份有限公司
开　　本 880×1230　1/32　印张 6.75　字数 157 千
版　　次 2016 年 11 月第 1 版 2016 年 11 月第 1 次印刷
ISBN 978 - 7 - 305 - 17849 - 8
定　　价 27.00 元

网　　址:http://www.njupco.com
官方微博:http://weibo.com/njupco
官方微信号:njuyuexue
销售咨询热线:(025)83594756

公安消防部队士兵职业技能鉴定培训教材
通信与计算机专业编审委员会

主　任　杜兰萍

副主任　张福生

委　员　金京涛　王　川　傅永财

　　　　张　昊　刘国峰　高宁宇

《消防通信员高级技能》教材

主　　编　滕　波

编写人员　娄　旸　刘传军　应　放

前　言

　　消防工作关系人民群众安居乐业,关系改革发展稳定大局,是构建社会主义和谐社会的重要保障。随着我国改革开放的深入推进,经济社会快速发展,各种传统与非传统安全相互交织,公共安全形势日益严峻,公安消防队伍作为国家公共安全的重要力量,灭火救援任务日趋繁重。面对火灾、爆炸、地震和群众遇险等灭火救援任务,如何充分利用现代通信技术和手段,增强应急通信保障能力,提高消防部队战斗力,构建我国消防通信员职业资格制度和考核评价体系,促进人才队伍建设,是当前迫切需要解决的问题,也是我们编写本套教材的初衷和目的。

　　本套教材的编写以消防通信员职业技能标准为依据,教材涉及的知识面比较全面,基本涵盖各级通信岗位应掌握的核心知识点和技能要求,其中基础知识作为各等级的共用必修部分,以基本概念、基本原理等基础理论为主,不同等级的内容以应知应会为主,深度和广度有所区分,各模块内容比重平衡。教材所附操法,贴近岗位,贴近实战,具有较强的可操作性。所有知识点和操法,都是对常用知识、技能的归纳、提炼和总结,使读者既可以系统地学习,也可以随用随查,便于广大消防通信人员查阅、使用,不断提高自身职业技能水平。

编委会

二〇一六年四月

编写说明

开展士兵职业技能鉴定工作是深入推进公安消防部队正规化建设的新要求，是加强公安消防部队人才队伍建设的新举措，对进一步完善士兵考核评价体系，增强士兵岗位任职能力，不断提高部队战斗力具有重要意义。

为贯彻落实《公安现役部队士兵职业技能鉴定实施办法（试行）》，科学规范消防部队士兵职业技能鉴定工作，建立和完善职业技能培训和鉴定工作的良好机制，公安部消防局组织基层部队和士官学校有关人员，依据《消防通信员职业技能标准》，编写了职业技能鉴定配套教材。

配套教材根据初级、中级、高级、技师和高级技师等不同等级职业技能鉴定要求，分为《消防通信员基础知识》《消防通信员初级技能》《消防通信员中级技能》《消防通信员高级技能》《消防通信员技师技能》《消防通信员高级技师技能》六册。教材内容分等级、重操作，明确了各级消防通信员的职业技能要求、训练考核标准，力求内容丰富、实用规范，努力做到训战一致、科学合理。

本册内容分两篇，第一篇为基础知识，第二篇为职业技能鉴定操法，由滕波主编。第一篇第一章第一节由滕波编写，第一篇第一章第二节、第二篇第二章第二节由娄旸编写，第一篇第二章第一节、第二篇第一章由刘传军编写，第一篇第二章第二节、第二篇第二章第一节由应放编写。

　　编写过程中,公安部消防局领导高度重视,亲自指导,部消防局信息通信处与各参编总队、士官学校紧密协作,扎实工作,全体编写人员潜心钻研、认真编著,顺利完成编写任务。

　　由于时间较紧,编写中难免有疏漏和不当之处,请各地在使用中提出宝贵意见,以便再版时修改完善。

目　录

第一篇

基础知识

第一章
消防通信网络与业务系统管理

第一节　基础通信网络与设备的操作

1. 桌面操作系统、服务器操作系统、嵌入式操作系统的定义是什么?

答　桌面操作系统指的是在个人计算机上借助硬件运行并完成计算(应用)的软件,如 DOS、Windows xp 等。

服务器操作系统指的是安装在大型计算机上的操作系统,是 IT 系统的基础架构平台,在一个具体网络中,承担管理、配置、稳定、安全等功能,比如 Web 服务器、应用服务器和数据库服务器等。

嵌入式操作系统指用于嵌入式系统的操作系统,用途广泛,通常包括与硬件相关的底层驱动软件、系统内核、设备驱动接口、通信协议、图形界面、标准化浏览器等,负责嵌入式系统的全部软、硬件资源的分配、任务调度,控制、协调并发活动,它体现所在系统的特征,能够通过装卸某些模块来达到系统所要求的功能。目前在嵌入式领域广泛使用的操作系统有:嵌入式实时操作系统 μC/OS - II、嵌入式 Linux、Windows Embedded、VxWorks 等,以及应用于智能手机和平板电脑的 Android、iOS 等。

2. 消防卫星站使用的卫星属于什么轨道卫星？

答 消防卫星站使用的卫星属于同步静止轨道卫星。同步静止轨道卫星指卫星在轨道上运行的周期和方向与地球自转的周期、方向相同，位于赤道上空，相对地球静止。静止轨道适用于通信和信号转发，地面的天线指向固定，不需要跟踪。

3. 消防卫星站发射或者接收的电磁波属于哪个波段？

答 消防卫星站发射或者接收的电磁波属于 Ku 波段。Ku 波段的频率受国际有关法律保护。Ku 波段卫星的转发器功率一般比较大，多采用赋形波束覆盖，卫星 EIRP（有效全向辐射功率，评价发射能力的技术指标）较大，加上 Ku 波段的波长小于 C 波段，因此接收 Ku 波段卫星信号的天线口径远小于 C 波段，从而可有效地降低接收成本，方便个体接收。Ku 波段卫星服务下行频率为 $11.7 \sim 12.7$ GHz，上行频率为 $14 \sim 14.5$ GHz。

4. 正常状态下，卫星站双向通信的延时约是多长时间？

答 同步卫星高度大约是 $36\,000$ km，信号传输速率为 3×10^5 km/s，卫星站双向通信需信号来回 4 次，通信延时理论值为 $4 \times 36\,000 \div 300\,000 = 480$ ms。加上信号收发、处理等过程，实际延时约 540 ms。

5. 消防卫星站对星完成后，CMR-5975 和 CDM-570L 主要指示灯分别是什么状态？

答 CMR-5975 的 LOCK 灯绿色常亮；CDM-570L 状态灯绿色常亮，Tx 灯（发射指示灯）每 $4 \sim 6$ s 闪亮一次，Rx 灯绿色常亮。

6. 对星的步骤是什么？

答 以某种固定天线为例，加电启动后，在 LCD 显示屏上，显示了天线实时角度（AZ 和 EL）、极化角度（POL）、跟踪接收机信号电平（signal level）、STANDBY 状态，同时还给出了天线控制单元 ACU 操作菜单,分别按键盘上的 1、2、3、4 或 5 键,可使 ACU 分别进入手动、步进跟踪、选星、指向及极化控制等相应的操作模式。屏幕显示如图 1-1 所示。

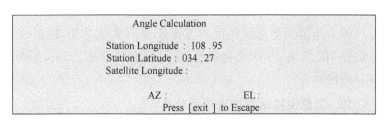

图 1-1　待机状态

在对星过程中,进入角度计算模式后,可以根据地面站所在地的地理经度(Station Longitude,东经)和地理纬度(Station Latitude,北纬)计算出同步轨道上相应轨道经度(Satellite Longitude)卫星所对应的天线方位、俯仰角度,用于编码器角度标定或星位预置。屏幕显示如图 1-2 所示。

Angle Calculation

Station Longitude : 108.95
Station Latitude : 034.27
Satellite Longitude :

AZ :　　　　　　　　EL :
Press [exit] to Escape

图 1-2　角度计算模式

7. 消防卫星站有哪两种工作状态?

答　(1)开机 TDMA 状态。卫星站对星完成,CDM-570L 发射灯闪亮或者每 5~6 s 闪亮一次,发送请求上线信息。

(2)SCPC 状态。卫星站上线网管分配信道完成后,CDM-570L 发射灯长亮。

8. 判断卫星站上线状态的方法和步骤是什么？

答 方法一（推荐）：用电脑（电脑 IP 地址在卫星网段）或华平终端 ping 命令，ping 部局 MCU 的 IP（10.200.50.110）或卫星网管服务器的 IP（10.200.50.65）。如果能 ping 通，说明该卫星设备注册上线成功；否则就没有上线。

方法二：首先将电脑接入卫星网所在交换机，配置电脑 IP 地址和 CDM－570L 在同一网段，点击 Windows 的开始，运行，输入 CMD 回车，激活 DOS 命令行窗口。使用 ping 命令来确定 PC 和 CDM－570L 的 IP 网络是连通的。然后输入 telnet 空格＋570L IP 地址，使用用户名/密码（comtech/comtech）登录，主菜单（Main Menu）下输入字母 V 进入 Vipersat 配置菜单（Vipersat Configuration），检查 Managing IP Address 项的信息，应该出现 IP 地址和版本，同时有 Registered 注册确认信息，说明设备上线了。

9. 当前消防部队使用的卫星是哪颗，参数有哪些？

答 当前消防部队使用的卫星是亚洲 7 号卫星，轨道位置是东经 105.5 度，水平极化接收，卫星信标频率是 12749.3MHz（Ku 波段）。

10. 卫星便携站操作流程是什么？

答 （1）选择场地，拼接天线。（2）卫星设备加电（卫星功放除外），天线对星并且确认对星完成。（3）查看卫星设备工作状态。正常状态 CMR－5975 Lock 灯常亮 、CDM－570L Tx 灯闪烁。（4）打开卫星功放，向卫星网管发出注册载波。发射功率合适，网管系统能够发现该站上线成功。（5）卫星网管操作人员收到该站申请后，就可以给该站分配卫星带宽。此时 CDM－570L Tx 灯会从闪烁状态变为常亮状态，链路已经开通。此时才可以登录视频会议终端。（6）卫星带宽使用完毕后，通知卫星网管操作人员,释放卫星带宽。远端站就可以关闭设备,收起天线。

11. 卫星转发器有哪些技术指标,分别有什么作用?

答 (1)卫星名称、轨道位置:用来确定地球站天线的方位、俯仰;

(2)转发器使用波段、极化方式:用来确定地球站天线的极化方式;

(3)EIRP 有效全向辐射功率:EIRP 表示了发送功率和天线增益的联合效果,是评价发射能力的技术指标;

(4)G/T 值:反映和评价地面站接收系统和接收能力的一项重要技术性能指标;

(5)Eb/N0 值:信号和噪声的比值,用来说明接收信号的质量,单位是 dB;

(6)发射功率:卫星设备发射的功率大小,单位是 dBm。

12. 卫星通信中,发生故障时的检修流程是什么?

答 (1)图像、语音中断,应立即检查系统和设备,找出发生中断的原因;

(2)检查音、视频等终端设备,查看设备是否工作正常;

(3)检查卫星功放开关,看是否正常工作;

(4)检查卫星通信设备,查看 CDM－570L 和 CMR－5975是否处于正常工作状态;

(5)检查天线系统,查看天线是否依旧对准卫星以及查看信号强度是否适合通信;

(6)询问网管链路状况,查看卫星链路是否正常;

(7)检查机柜中设备和天线设备,查看中频电缆、音视频线、网线等是否连接正常,天线是否工作正常。

13. 低噪声放大器(LNB)的作用是什么,本振频率和供电电压是多少?

答 LNB用于接收卫星信号,将天线接收的 Ku 波段的微弱信号转换成中频信号并放大,传输到调制解调器的接收端。本振频率是 11.3 GHz,供电电压为直流 18 V。

14. 卫星功放(BUC)的作用是什么,功率(W)、本振频率(GHz)和供电电压分别是多少?

答 BUC 用于发射卫星信号,将调制解调器发射端的中频信号转换成 Ku 波段的射频信号并放大发射到卫星。常见功放功率大小有 16 W、25 W、40 W、80 W 等,本振频率有 13.05 GHz 和 15.45 GHz,供电电压为直流 24 V。

15. 调制解调器 CDM-570L 的主要功能有哪些?

答 调制解调器由调制器和解调器组成,调制器是将用户数字信号处理为模拟信号并传给发射端设备,解调器是将接收到的模拟信号转换成数字信号传给用户终端设备;CDM-570L 可以接收 1 路信号,也可以发射 1 路信号。

16. 调制解调器 CDM-570L 的主要指示灯(1)UNIT STATUS(2)Tx TRAFFIC(3)Rx TRAFFIC(4)REMOTE 的中文名称是什么,代表的意义是什么?

答 (1)UNIT STATUS,设备状态指示灯:正常情况下,绿色说明设备上线;橙色说明设备未上线;红色说明设备故障,有报警。

(2)Tx TRAFFIC,发射指示灯:绿灯长亮说明设备正在发射载波;闪亮说明设备处于 TDMA 状态,在发射注册信息;不亮说明设备未发射信号。

(3)Rx TRAFFIC,接收指示灯:绿色长亮说明设备正在接收信号;不亮说明设备未接收任何信号。

（4）REMOTE,远控指示灯:橙色长亮说明设备处于远控模式;不亮说明设备处于本控模式。

17. 调制解调器 CDM－570L 自发自收测试的具体操作是什么？

答 测试必须先向部局申请测试频点和带宽,然后方可进行测试。该测试的目的是确认卫星站的上行链路的发射情况。CDM－570L 前面板的具体操作如下:

（1）将 CDM－570L 的远控模式改为本控模式:CONFIG—REM—选择 LOCAL 本地模式并按 ENT 确认;

（2）修改接口类型,IP 接口改为 V35 接口:CONFIG—INTFC—选择 V35 接口并按 ENT 确认;

（3）分别修改发射、接收的频率和带宽,即申请使用的频点和带宽:

设置发射频率:CONFIG—TX—FRQ—改变数字并按ENT 确认;

设置接收频率:CONFIG—RX—FRQ—改变数字并按ENT 确认;

设置发射带宽:CONFIG—TX—DATA—改变数字并按ENT 确认;

设置接收带宽:CONFIG—RX—DATA—改变数字并按ENT 确认;

（4）将设置中 TX 状态设为 on,启动发射。观察 CDM－570L 发射、接收指示灯,如果都常亮,说明该卫星站上行发射链路正常;

（5）测试完毕后重启 CDM－570L。

18. IRD 接收机 CMR－5975 解调器的主要功能是什么？

答 CMR－5975 的主要功能是处理由主站 DVB 调制器发

出的信号,该信号包含业务和网管信令。

19. IRD 接收机 CMR－5975 解调器 Lock 指示灯常见故障有哪些,故障原因分别是什么?

答 (1)CMR－5975 Lock 指示灯未常亮,可能原因有:① 天线对星不成功,可能对偏了;也可能是天线增益小,接收信号弱。② 物理连接故障。

(2)CMR－5975 Lock 指示灯常亮,CDM－570L Tx 发射指示灯未闪亮,可能原因有:① 接收到 DVB 信号弱,CMR－5975 锁定未过门限(3.6 dB)收不到网管信令。② CMR－5975、CDM－570L 网线连接故障。

(3)CMR－5975 Lock 指示灯常亮,570L Tx 发射指示灯闪亮,但是没有载波发射,可能是卫星功放没有打开。

20. IRD 接收机 CMR－5975 解调器监控方法是什么?

答 打开 IE 浏览器;输入 CMR－5975 的 IP 地址;输入用户名和密码(默认均为 comtech);监控 Eb/N0 大小。说明:CMR－5975 接收到的 Eb/N0 值必须≥4dB 才能正常通信,这个值如果小于 4 的话,有可能是天线对星偏了。

21. 什么是邻星干扰?

答 邻星干扰是指两颗卫星的轨道位置挨得很近,在和地面站通信时由于转发器或地面站天线的波瓣宽度和发射功率控制不合理,导致发给目标星的信号同时也蔓延到了相邻的卫星,对其通信造成了干扰。

22. 什么是极化隔离? 极化隔离有什么用?

答 当接收天线的极化方向与来波的极化方向完全正交(垂直)时,接收天线几乎接收不到来波的能量,或者增益变得很低,这时称来波和接收天线的极化是隔离的。

利用极化隔离可以使同一方向、同一频率传输和接收不同的信息,提高频率的利用率。

23. 卫星转发器的频率带宽一般是多少?

答　C 频段转发器的带宽通常为 36 MHz 或 72 MHz,Ku 频段转发器的带宽通常为 54 MHz 或 36 MHz。

24. 什么是卫星通信的 EIRP?

答　EIRP 称为"有效全向辐射功率"。它的定义是卫星天线输出的功率(P)和该天线增益(G)的乘积,即:$EIRP = P * G$。

如果用 dB 计算,则为:$EIRP(dBW) = P(dBW) + G(dBW)$。

EIRP 表示了发送功率和天线增益的联合效果,是卫星通信中的一项重要参数。一般使用 EIRP 分布图来表示卫星对地球表面的信号覆盖情况,EIRP 值越大说明信号越强。

25. 什么是卫星通信的 G/T?

答　地面站性能指数 G/T 值是反映地面站接收系统的一项重要技术性能指标。其中 G 为接收天线增益,T 为接收系统噪声性能的等效噪声温度。G/T 值越大,说明地面站接收系统的性能越好。

26. 卫星通信在 C 波段和 Ku 波段有何特点?

答　(1) C 波段转发器的服务区大,通常覆盖几乎所有的可见陆地,适用于远距离的国际或洲际业务;Ku 波段转发器的服务区小,通常只覆盖一个大国或数个小国,只适用于国内业务。

(2) C 波段转发器的 EIRP 值相对比较小,因而要求地面站天线的口径一般不小于 1.8 m,因此只能用于固定站和静中通,不能用于动中通。Ku 频段转发器的 EIRP 值相对比较大,因此地面天线口径有可能小于 1 m,便于运输,可用于动中通天线。

(3) C 波段优于 Ku 波段,因为 C 波段的传输受天气的影响较小,而 Ku 则受降水的影响较大,遇到大暴雨时甚至能导致传输中断。

27. 程控交换机日常巡检测试的主要内容有哪些？

答 通常程控交换机的测试手段分为用户级和系统级两类。用户级测试主要是通过电话拨测,测试系统的各种音源信号,如拨号音、忙音、回铃音、铃流以及呼出、呼入、长途的接续情况等,用户级测试主要用于解决用户级故障以及对系统设置的验证测试。

系统级测试,一般是借助计算机维护终端对交换机运行日志、板卡运行状态进行检查,查看交换机系统的报错或告警信息、CPU占有率、用户权限、中继线占忙情况,以及设置用户权限、开/关板卡、备份硬盘数据等。

28. 程控交换机的故障一般分为几类,处置的原则是什么？

答 程控交换机的故障可分为系统故障、用户故障和中继线故障。当系统发出告警信息后,应及时按以下原则对故障进行分析和处理:(1)尽量不影响全局通话,最好在话务空闲时处理;(2)从单板指示灯和维护台观察单板状态,分析相关板卡,不要盲目更换板卡,以防故障扩散;(3)插拔板卡时,一定要佩带防静电腕套,并将接地端可靠接地。

29. 程控交换机的系统故障有哪些,如何处置？

答 系统出现故障时会产生一系列告警信号,提示维护人员进行处理。告警系统根据故障对设备的影响程度、重要性及紧迫性分为严重告警、主要告警及次要告警。

(1) 严重告警

当系统出现严重故障,无法正常运行时,会发出严重告警,对应信号为维护面板红灯亮。故障内容涉及主控板、硬盘驱动器模块、外围交换控制板、系统过载及再启动等。

(2) 主要告警

当系统中部分用户无法通信或通信质量严重下降时,发出主要告警,对应功能板卡面板上为红色指示灯亮。故障内容涉及普通用户板、长线用户板、功能用户板、数字网用户板、数据用户板、环路市话中继板、E/M 中继板、双音多频记发器等。

（3）次要告警

当系统中只有极少数用户的通信质量受到影响时,发出次要告警,对应功能板卡维护面板上红色指示灯亮,相应用户的用户板对应红灯亮,这种告警不必及时处理,但对交换机运行状态要心中有数,故障内容涉及倒换失败、个别用户故障、故障排除等。

30. 程控交换机的用户故障有哪些,如何处置?

答 在日常维护工作中,用户部分是最容易出现故障的环节,故障可分为外线故障和交换机相关功能部件故障,常见的外线故障有断线、短路、接地、话机故障等,可通过在配线架甩开外线的方法确定故障部位。对于交换机相关功能部件造成的用户故障,处理方法有:

（1）当用户故障发生在普通用户板的个别用户时,可通过更换用户板解决,也可通过应急方法处理,如更改用户对应的电路号码,并将外线跳接到对应的用户电路上,再进行呼叫转移,将故障号码转移到更改的号码上。另外,还可以检查单个用户的数据是否正确,或是重新做一次数据并存盘;

（2）一块用户板上的多个用户故障,可考虑更换损坏的普通用户板;

（3）整个用户模块故障,应检查外围接口控制板及 −48 V 馈电;

（4）所有用户都无法拨打某个号段,检查出局路由表有没有做此号段的数据;

（5）总结用户故障常用的处理方法是：以最小配置运行，判断分析单板故障，或通过拔插的办法逐步排除和定位，找到影响其他单板工作的故障板。

31. 程控交换机的中继故障有哪些，如何处置？

答 在程控交换机中与中继部分相关的设备有中继板、中继线，以及管理软件中与中继线有关的表格等。中继部分的故障及其处理方法有：

（1）最常见的就是中继线缆松动，重新插拔观察告警信息即可。

（2）所有的用户都打不出外线，可检查中继线、中继线指定、中继组指定、自动路由选择指定、路由指定、限制等级指定、数字更改指定等设置。

（3）只有个别用户打不出外线，可检查中继板及该部分分机的权限等级。

（4）只有部分用户组，如长途、市话等打不出，则要检查中继线及自动路由选择指定表和路由指定表。

（5）拨打外线用户时经常听到说没有这个号码，或刚接通时能听到对方讲话，而对方要经过延迟几秒钟才能听见主叫讲话，则要检查中继线的极性是否按左正右负的方式连接到配线架。当交换机与公网实行全自动连接时，则要检查 PRI 接口板、光纤及光端机。

32. 如何做好程控交换机的数据维护？

答 一般程控交换机都配有数据维护终端，通过网络或数据串口与交换机相连，并通过人机命令界面向交换机传递操作维护指令，完成交换机日常监控、维护与管理工作。程控交换机的软件管理和数据维护应注意以下内容：

（1）保管好随机带的软件安装程序，以备系统瘫痪重装需要。

（2）正确设置操作员操作权限，以免误操作引起系统故障。

（3）增删和修改用户数据、局向数据前应先进行数据备份，避免操作不成功时不能恢复原数据。

（4）定期测试软硬件功能，定时备份局、用户数据，随时保持冗余磁带或磁盘数据的内容与系统内存数据完全一致。

（5）定期查看各级告警信息，根据信息正确诊断并处理故障。

（6）及时对服务器、维护终端、计费器、话务台进行软件杀毒，保护主机和软件的安全。

33. 电话通话有杂音，问题可能出现在哪些环节？

答 可能出现在 4 个环节：（1）程控交换机硬件故障；（2）电话机本身故障；（3）线路有地气；（4）接入设备板卡故障。

34. 程控交换机日常检查的主要内容有哪些？

答 （1）检查机房环境温度及湿度情况；

（2）检查交、直流配电屏上的输入、输出电压、电流和频率等指示是否在正常运行范围内；

（3）检查备品、备件、工具、仪表是否齐全；

（4）通过系统维护终端查询显示交换机各部分的工作状况，了解系统有无告警及告警系统是否正常；

（5）测试系统的各种音源信号，如拨号音、忙音、回铃音及铃流等。

35. 电话机拨不出去，应该如何排查故障？

答 （1）首先检查电话机摘机后能否听到拨号音。若无拨号音，依次检查电话跳线、水晶插头、配线架等部位是否接触良好。

（2）若拨号音正常，可以换一部电话机进行测试。若拨号恢复正常，说明是电话机自身故障，更换电话机即可。

（3）若问题依然存在，则应检查该用户线路上是否有并接的 ADSL、传真机、分离器等设备，并检查上述设备的连接是否正确。

（4）若前三步工作后故障仍未消除，则要通过系统维护终端查看该用户的呼出权限是否被禁止。

36. 什么是寻线组，有何用途？

答　寻线组是程控交换机的一个特性功能，它的作用是按照系统中的话务处理程序和路由算法，把中继线上的来电自动分配到可用的组成员上。在呼叫中心和指挥中心的应用中，经常使用寻线组来分类、分级地处理和分配来电呼叫，提高话务处理的效率和专业性。

37. 什么是 FXO 接口？

答　FXO 接口叫作"外部交换局"接口。它是一个连接程控交换机用户电话线的无源接口，一般用来将用户程控交换机与电话公网的模拟中继线相连，或用于电话机、传真机等终端设备与程控交换机相连。FXO 接口接收来自 FXS 接口的馈电电压和拨号音信号。

38. 什么是 FXS 接口？

答　FXS 接口叫作"外部交换站"接口。它是用来驱动电话机的有源接口，该接口提供连接电话机的插口、驱动电源和拨号音。FXS 接口一般配置在程控交换机的用户板或电话复用器上，用于连接电话机等终端设备。

39. 交流不间断电源（UPS）的基本构成和工作原理是什么？

答　UPS 系统由整流器、逆变器、交流静态开关和蓄电池组组成。平时,市电经整流器变为直流,对蓄电池浮充电,同时经逆变器输出高质量的交流纯净电源为重要负载供电,使其不受市电电压、频率、谐波干扰;当市电因故停电时,系统自动切换到蓄电池组,蓄电池放电,经逆变器对重要设备供电。

40. 如何选配 UPS 电源?

答 (1)确定所需 UPS 的类型:根据负载对输出稳定度、切换时间、输出波形的要求,确定是选择在线式、后备式以及正弦波、方波等类型。

(2)确定 UPS 的输出功率:按照规划用电设备的总用电量和 UPS 的功率因数计算 UPS 电源的额定输出功率,UPS 额定输出功率×0.8=总用电量。

(3)确定后备电池的容量:根据总用电量和市电断电后延时供电的时间要求计算后备电池的容量。

(4)产品可靠性要高,无故障时间应大于 150 000 h。根据需要可选择双机并联热备。

(5)产品应能够适应恶劣的供电运行环境,包括油机供电、市电电压不稳的情况。

41. 操作不间断电源(UPS)应注意什么?

答 (1)按说明书的规定进行操作;(2)不要频繁开关机;(3)不要频繁进行逆变/旁路的切换;(4)不要带载开关机。

42. 通信机房防雷应注意哪些内容?

答 (1)做好电源三级防雷,屏蔽接地,等电位接地。

(2)建筑防雷接地装置的冲击接地电阻不应大于 10 Ω,通信电源保护接地电阻不应大于 1 Ω。

(3)室外的电缆、金属管道等在进入建筑物之前,应进行接地,室外架空线直接引入室内时在入口处应加避雷器。

（4）每年雷雨季节到来之前要请专业机构对机房防雷设备进行检测,及时整改存在的问题。

43. 光纤通信是什么,它的特性是什么?

答 光纤为光导纤维的简称。光纤通信是以光波作为信息载体,以光纤作为传输媒介的一种通信方式。

光纤通信的优点主要有:传输频带宽、通信容量大,损耗低,不受电磁干扰,线径细、重量轻,资源丰富。

44. 一般使用的光信号波长是多少,为什么?

答 一般使用的光信号波长为 1 310 nm 和 1 550 nm。因为一般二氧化硅光纤的零色散波长在 1 310 nm 左右,而损耗最小点波长在 1 550 nm 左右。

45. 什么是双绞线?

答 双绞线是一种综合布线工程中最常用的传输介质,由两根具有绝缘保护层的铜导线组成。把两根绝缘的铜导线按一定密度互相绞在一起,每一根导线在传输中辐射出来的电波会被另一根线上发出的电波抵消,有效降低信号干扰的程度。

46. 什么是同轴电缆?

答 同轴电缆是指有两个同心导体,而导体和屏蔽层又共用同一轴心的电缆。最常见的同轴电缆由绝缘材料隔离的铜线导体组成,在里层绝缘材料的外部是另一层环形导体,然后整个电缆由聚氯乙烯或特氟纶材料的护套包住。

47. 采用双绞线和同轴电缆作为网络传输介质,最大传输距离分别是多少?

答 10BASE-2同轴细缆网线采用BNC接头,每一区段最大传送距离是185 m。10BASE-T无屏蔽双绞网线采用RJ45接头,每一区段最大传送距离是100 m。

48. 在PCM30/32路系统中,TS0和TS16分别用于传什么信息? 基本速率接口BRI和基群速率接口PRI的传输速率分别是多少?

答 TS0用于传送帧同步信号,TS16用于传送话路信令。

基本速率接口BRI的传输速率为2B+D,速率为144 Kb/s;基群速率接口PRI的传输速率30B+D,速率为2 048 Kb/s(每个B通道的速率为64 Kb/s,D通道速率为16 Kb/s)。

49. 常规通信电源系统由哪几部分组成?

答 通信电源系统由7部分组成,包括5个主要系统和2个辅助系统,俗称5+2。主要系统包括:高压变配电系统(变电站)、低压配电系统、油机交流电供电系统、UPS交流不间断电源系统、直流供电系统;辅助系统包括:防雷与接地系统、电源集中监控系统。

50. 通信系统中采用调制的目的是什么?

答 (1)把基带信号转换成适合在信道中传输的已调信号;(2)实现信道的多路利用,以提高信道利用率;(3)改善系统抗噪声性能。

51. 机房供电系统应如何设计?

答 (1)根据机房的重要程度选择市电单路供电或是双路供电。重要的机房应在本地配备燃油发电机,在市电长时间中断时使用。

（2）配备机房专用 UPS 电源,后备电池组应能确保电源系统在市电断电后继续满负荷供电 2 h 以上。

（3）UPS 电源系统应采用双机热备或双机双路供电方式,提高设备的可靠性。

（4）低压配电柜和机柜电源插排(座)应按照双路供电的要求设计和配置,确保在机柜末端能提供两路来自不同 UPS 电源的电源插座。

（5）电源系统应按照三级防雷的要求采取防避雷措施。

（6）机房内除了配备计算机设备专用的供电设施、插座外,还应提供一定数量的机房辅助设备电源插座,辅助设备电源插座主要用于一些大功率清洁工具、电动工具等临时用电,不需要通过 UPS 电源供电。

52. 机房对电源系统的要求分为几类?

答 （1）A 类机房:停电后会产生重大损失和社会影响,要求建立不停电电源系统。

（2）B 类机房:停电后会产生一定损失和社会影响,要求建立备用电源系统。

（3）C 类机房:停电后不会产生大的损失和社会影响,可按一般用户配置。

53. UPS 电源后备电池维护应检查哪些项目?

答 （1）测量和记录电池房内的环境温度。

（2）电池的清洁度,端子、外壳和盖的损伤及发热痕迹。

（3）电池系统的总电压、单体电压和浮充电流。

54. UPS 电源日常使用维护应注意什么?

答 （1）UPS 的使用环境要求:

① 放置位置必须平稳;② UPS 机箱各面和墙壁必须保持

足够的通风距离;③ 远离热源,无阳光直射,无腐蚀性;④ 保持正常的温度和湿度;⑤ 保持室内洁净。

(2) 禁止在 UPS 输出端口接带有感性的负载。

(3) 使用 UPS 电源时,应务必遵守产品说明书或使用手册中的有关规定,保证所接的火线、零线、地线符合要求,不得随意改变其相互的顺序。

(4) 严格按照正确的开机、关机顺序进行操作,避免因突然加载或突然减载,导致 UPS 电源的电压输出出现较大波动,使UPS 电源无法正常工作。

(5) 严禁频繁地关闭和开启 UPS 电源。一般要求在关闭UPS 电源后,至少等待 6 s 后才能开启 UPS 电源。否则,UPS电源可能进入"启动失败"的状态,即 UPS 电源进入既无市电输出,又无逆变输出的状态。

(6) 禁止超负载使用。UPS 电源的最大启动负载最好控制在 80% 之内,如果超载使用,在逆变状态下会击穿逆变管。对于绝大多数 UPS 电源而言,将其负载控制在 30%～60% 额定输出功率范围内是最佳工作方式。

(7) 电池的放电要求:对于长期无停电的 UPS,应当每隔3～6 个月对 UPS 放电,然后重新充电,这样才能延长电池的使用寿命。UPS 电源对电池放电有保护措施,但放电至关机保护是对电池有损害的。一般将电池组放电至额定容量的 2/3 即可,放电的目的是保持电池组的充放电活力。

(8) 定期对 UPS 电源进行维护工作。清除设备内的积尘,测量蓄电池组的电压,检查风扇运转情况及检测调节 UPS 的系统参数等。

55. 机房环境对温度、湿度有何要求?

答 机房环境对温度、湿度的要求如表 1-1 所示。

表1-1　机房环境对温度、湿度的技术要求

项目	技术要求			备注
	A级	B级	C级	
主机房温度（开机时）	23℃±1℃		18～28℃	
主机房相对湿度（开机时）	40%～55%		35%～75%	
主机房温度（停机时）	5～35℃			
主机房相对湿度（停机时）	40%～70%		20%～80%	不得结露
主机房和辅助区温度变化率（开、停机时）	<5℃/h		<10℃/h	
辅助区温度、相对湿度（开机时）	18～28℃、35%～75%			
辅助区温度、相对湿度（停机时）	5～35℃、20%～80%			
不间断电源系统 电池室温度	15～25℃			

56. 机房应该配置哪些环境调节设备？

答　应该配备安装具有恒温、恒湿功能的机房专用空调系统，以及具有温度、湿度、漏水监控报警功能的环境监测系统。机房空调要求具有较大的送风量，在相同制冷功耗下计算机房所需的送风量要比普通房间所需的送风量大1.6～1.8倍。机房空调必须具有高可靠性，能够长年连续工作，并具备停电自启动功能。为了备份和预留设备扩展的空间，机房空调的容量应留有15%～30%的余量。

57. 机房防避雷有什么要求？

答　（1）建筑物防雷及接地。防止建筑物受到直击雷和侧击雷的危害，计算机房的防雷接地应按二类建筑要求设计。

（2）等电位联结。机房内的布局是：用截面积不小于25 mm² 铜带或裸铜线敷设在活动地板下，依据计算机设备布局，纵横组成边长为0.6～3 m的矩形网格，配有专用接地端子，

用编织软铜线以最短的长度与计算机设备相连如图1-3所示。计算机直流地需用接地干线引下至接地端子箱。

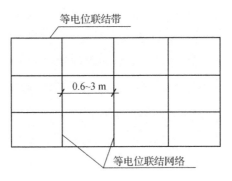

图1-3 等电位联结网格

（3）加装电源及通道保安器。用于保护电子设备和装置免受浪涌电压的危害，以及为电子系统提供等电位联结。

58. 机房防静电有什么要求？

答 （1）静电保护接地电阻应不大于10 Ω。

（2）防静电活动地板的金属支架、墙壁、顶棚的金属层接在静电地上，整个机房形成一个屏蔽罩。

（3）设备的静电地、终端操作台地线应分别接到总地线母体汇流排上。

（4）机房内所有设备可导电金属外壳、各类金属管道、建筑物金属结构等均应作等电位联结，不应有对地绝缘的孤立导体。

（5）静电接地的连接线应有足够的机械强度和化学稳定性，宜采用焊接或压接，以保证可靠连接，当采用导电胶与接地导体粘接时，其接触面积不宜小于20 cm²。

59. 什么是地电位反击？

答 当通信系统的工作接地引下线与通信基站建筑物的防雷接地引下线分开各自独立接地，且期间的绝缘距离未达到安全要求时,雷电流通过建筑防雷接地引下线形成几万伏的瞬间电压,就会造成引下线间放电,毁坏电气设备。

60. 通过式功率计如何测试天馈系统的驻波比?

答 有的通过式功率计具有测量前向功率、反射功率和驻波比的功能,这时只需要将功率计串接在发射机射频输出口和馈线之间,启动发射机后就可以从功率计上读出驻波比的测量值。

如果功率计不能直接测量驻波比,可以先分别测出前向功率 Po 和反射功率 Pr,按以下公式计算驻波比 SWR。

$$SWR = \frac{\sqrt{Po} + \sqrt{Pr}}{\sqrt{Po} - \sqrt{Pr}}$$

61. 综合测试仪如何测试发射机的性能指标?

答 (1)发射机的频率、功率测试

第一步,用测试电缆将电台的天线输出口与综合测试仪主信号 I/O 端口连接。注意,如果测试电台的发射功率超过了综合测试仪的额定测量范围,必须串入衰减器来保护测试仪器。

第二步,在综合测试仪上选择 TX 发射测试模式,按下电台的 PTT 发射键,就能在综合测试仪屏幕上看到实际的发射频率和发射功率。如果是通过衰减器连接的,那么测得的频率数值不受影响,测得的功率数据应该算上衰减器的衰减量。大部分综合测试仪的频率显示有两种模式,一种是直接显示发射频率,另一种是预设参考频率,然后显示误差数值。

(2)发射机的调制度测试

第一步,电台的天线输出口通过测试电缆与综合测试仪主信号 I/O 端口连接。

第二步,将标准音频参考信号输入电台。将音频发生器输

出端通过电缆连接到电台的"MIC in"口。参考音频可以来自单独的音频发生器,也可以利用综合测试仪自带的音频 AF 输出。

第三步,在综合测试仪上选择 TX 发射测试模式,按下电台的 PTT 发射键,就能在综合测试仪屏幕上看到调制频偏的数值了。

(3) 发射机的频谱测试

第一步,电台的天线输出口通过测试电缆与综合测试仪主信号 I/O 端口连接。

第二步,在综合测试仪上选择频谱测试模式,并设置中心频率、SPAN(扫宽)、VBW/RBW。对于常规 FM 对讲机信号,SPAN(扫宽)可以设为 1 MHz 或 300 kHz,VBW/RBW 可以设为 1 kHz 或 3 kHz。

第三步,按下对讲机的 PTT 发射键,就能在综合测试仪屏幕上看到频谱图,并可以适当调整参考电平,以便观察。

第四步,将中心频率设置到测试频率的 2 倍频和 3 倍频处,测量这些倍频谐波的抑制情况。此外,还可以在主频发射周围使用较大的 SPAN(扫宽),观察是否有明显的带外辐射。

62. 综合测试仪如何测试接收机的性能指标?

答 接收机的性能指标主要是对接收灵敏度进行测试。

(1) 将电台的天线输出口通过测试电缆与综合测试仪主信号 I/O 端口连接。

(2) 用电缆将电台的音频输出(耳机输出或外接扬声器输出)与综合测试仪的信纳比仪的音频输入端口连接,并调节电台输出适当的音量。

(3) 在综合测试仪的信号发生器上设置测试频率。

(4) 逐步减小信号发生器的输出信号幅度,同时注意信纳比仪上信噪比数值的变化,当信噪比劣化到预设水平(一般要求达到－12 dB)时,信号发生器输出的电平幅度就是对讲机的接收灵敏度。

63. 天线放大器的作用是什么?

答 天线放大器是一种有源的射频信号放大设备,当基站或转信台的馈线较长、对射频信号衰减较大时,通常在天线和馈线之间串接天线放大器来补偿馈线的衰耗。

64. 天线共用器和多路耦合器的作用是什么?

答 在无线通信系统中,一个基站一般设计有多个信道,每个信道对应一个信道机(或叫中继台),而每个信道机又对应一副收发天线。这样一个基站上就需要安装许多天线,给天线的安装、维护、电磁隔离带来诸多不便。天线共用器的作用就是实现基站上的多个信道机共用一副发射天线,多路耦合器实现基站上的多个信道机共用一副接收天线,从而解决基站天线安装困难的问题。其连接如图 1－4 所示。

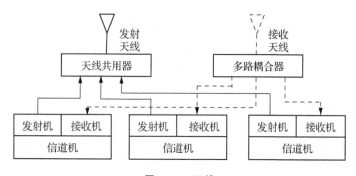

图 1－4 天线

65. 什么是静噪电平,在实际应用中如何设置静噪电平?

答 在自由空间中,无线电台在接收有用的通信载波信号的同时也收到了大量背景噪声,背景噪声主要是由其他电磁波辐射源或信号源产生的。背景噪声和接收信号的强弱对比决定了电台收听效果的好坏,通常接收到的信号强时,噪音就小,甚至没有噪音,很干净;反之信号弱时,噪音就大。在使用电台接收对方信号时,通话距离近,接收到的信号强,噪音就小;而通话距离远,接收到的信号弱,噪音就大,甚至听不到话音。

在实际应用中,调节静噪实际上就是控制电台的静噪阀值电平,当电台接收到的信号大于静噪电平时,静噪电路打开保证扬声器输出清晰的声音。当电台接收到的信号小于静噪电平时,静噪电路关闭使扬声器静音,防止背景噪声从扬声器中输出。静噪电平的设置有电脑预置和手动旋钮调节两种方式。

66. 无线集群通信系统中紧急呼叫功能是什么含义？电台启动紧急呼叫后会出现什么情况？

答 紧急呼叫是无线集群通信系统中设定的最高优先级,用户一旦按动"紧急呼叫"按键,基站将优先支持紧急呼叫,在信道忙时将强拆一个信道供紧急呼叫使用。有的集群系统在启动紧急呼叫后,同组的用户都处于收听禁发状态,只允许发起紧急呼叫的用户说话。紧急呼叫通常用于十分危险、危急的情况下,最高指挥员下达重要命令或人员遇险呼救。由于其影响范围比较大,一般情况下要禁止使用。

67. 什么是双工器？

答 双工器是异频双工电台、中继台的主要配件,其作用是将发射和接收信号相隔离,保证接收和发射都能同时正常工作。它由两组不同频率的带阻滤波器(陷波器)组成,避免本机发射信号传输到接收机。接收端滤波器谐振于发射频率,并防止发射功率串入接收机,发射端滤波器谐振于接收频率。

68. 天线双工器的作用是什么,如何连接？

答 双工器实际是一个双向三端滤波器。双工器主要承担两项任务:一是将天线上微弱电磁波信号接收耦合进来,送给接收机;二是将发射机较大的发信功率馈送到天线发射出去。双工器的基本技术要求是:发射机发出的大功率信号不能通过双工器串扰到接收机,收、发信机通过双工器共用一根天线,各自完成收、发任务而相互不影响,如图1-5所示。

衡量双工器的技术指标有:工作频率及带宽、隔离度、插入损耗。

工作频率及带宽:双工器的工作频率范围应当与无线中继台的工作频率保持一致。双工器的带宽,是指两个等效带阻滤波器的阻带带宽,而不是通带带宽。理想的双工器的带宽一般是无线中继台收发频差的一半,即150 MHz时为2.85 MHz,450 MHz时为5 MHz。

隔离度:是指两个等效带阻滤波器的阻带衰减量,一般要在80 dB以上。

插入损耗:是指双工器通带频段对有用信号的损耗。国内双工器指标为1.2 dB以下。

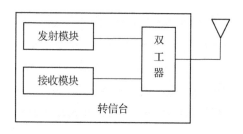

图1-5 天线双工器

69. 什么叫发射机合路器?

答 发射机合路器,又称发射天线共用器,主要用于移动通信基站将多部发射机的输出功率合成一路馈送给天线的装置,避免了每一个发射机都要安装天线的麻烦。它主要包括:隔离器、高Q谐振控、功率混合器以及阻抗匹配调节器等。

70. 无线集群通信系统的基站都应包含哪些设备？

答 （1）基站控制器；（2）信道机，包括发射机、接收机和双工控制器；（3）发射机合路器；（4）接收机耦合器；（5）天线，包括发射天线和接收天线，必要时可增配接收天线放大器；（6）链路传输设备。

71. 如何选择天线？

答 天线作为通信系统的重要组成部分，其性能的好坏直接影响通信系统的指标，选择天线时必须首先注重其性能。具体说有两个方面：第一选择天线类型；第二选择天线的电气性能。选择天线类型的意义是：所选天线的方向图是否符合系统设计中电波覆盖的要求；选择天线电气性能的要求是：选择天线的频率带宽、增益、额定功率等电气指标是否符合系统设计要求。

72. 什么是天线的方向性？

答 天线对空间不同方向具有不同的辐射或接收能力，这就是天线的方向性。衡量天线方向性通常使用方向图，在水平面上，辐射与接收无最大方向的天线称为全向天线，有一个或多个最大方向的天线称为定向天线。全向天线由于其无方向性，所以多用在点对多点通信的中心台。定向天线由于具有最大辐射或接收方向，因此能量集中，增益相对全向天线要高，适合于远距离点对点通信，同时由于具有方向性，抗干扰能力比较强。

73. 什么是亚音频 CTCSS？

答 CTCSS，连续语音控制静噪系统，俗称亚音频，是一种将低于音频频率的频率（67～250.3 Hz）附加在音频信号中一起传输的技术，因其频率范围在标准音频以下，故称为亚音频。当对讲机对接收信号进行中频解调后，亚音频信号经过滤波、整形，输入到 CPU 中，与本机设定的 CTCSS 频率进行比较，从而决定是否开启静音。

74. 简述亚音频的工作原理。

答 在对讲机设计中采用亚音频技术,其目的是避免不同用户的相互干扰,避免收听无关的呼叫和干扰信号。在对讲机的发射机发送话音信号的同时,伴随着发射机不断发出亚音频连续信号,经调制后在同一信道发射出去。当接收机收到载波信号和亚音频信号后进行解调。亚音频信号经过滤波器整形输入 CPU 中进行解码,与本机预置的亚音频(CTCSS)编码进行比较识别以决定是否开启静噪电路,只有亚音频码相同时,静噪电路音频输出才能打开,通过扬声器发出声音。因此亚音频技术可以在共用信道中制止来自其他用户的无用话音和其他信令干扰。

75. 亚音频有哪些用途?

答 (1)防止非法用户盗用信道入网。

(2)抗干扰能力强,特别在中转通信系统中可有效地防止干扰信号对中转台的干扰。

(3)实现小区域频率复用,提高频率的利用率,达到频率共享。

(4)可以实现不同组别的组呼、全呼等选呼功能,操作简单,方便实用。

76. 在无线电通信中,什么是阻塞干扰?

答 阻塞干扰是指当强的干扰信号与有用信号同时加入接收机时,强干扰会使接收机链路的非线性器件饱和,产生非线性失真,导致接收机灵敏度下降,无法接收到有用信号的现象。当只有有用信号且信号过强时,也会产生振幅压缩现象,严重时会阻塞。

77．什么是天调？

答 天调又叫作"天线调谐器"，它是一组 LC 电路，安装在天线的根部，通过 L、C 参数匹配，调整天线的谐振频率（一是要调整天线的谐振，二是进行阻抗匹配），通过加载（电感、电容），人为地改变天线的电气长度，从而达到使天线谐振的目的。天调主要应用在短波通信上，分为自动天调和手动天调。

78．无线通信中所说的背靠背转发是什么含义，通常需要使用什么控制信号，如何连接？

答 背靠背转发是指两个工作在不同频段的电台通过信号落地互联进行转发的工作方式，通常需要用到电台的 PTT（发射键）、BUSY（示忙）、GND（地）、Audio in、Audio out 等信号引脚。Audio in 可以用 Mic 代替，Audio out 可以用扬声器输出代替，如图 1－6 所示。

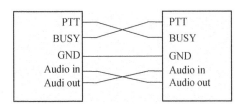

图 1－6　背对背转发

79．TETRA 和 PDT 在载波利用上有什么不同？

答 PDT 标准采用 TDMA（双时隙）多址方式，12.5 kHz 信道间隔、4FSK 调制方式。

TETRA 标准采用 TDMA（四时隙）多址方式，25 kHz 信道间隔。

80．电台射频部分包括哪些模块？

答 （1）功放模块；（2）压控振荡器；（3）接收模块；（4）功率控制电路。

81. 解决移动通信频率资源有限的措施有哪些？

答 （1）采用集群系统等动态频率分配共享技术；

（2）控制发信机的功率，采用小区式蜂窝覆盖，提高频率的复用率；

（3）采用数字通信技术，通过 TDM、CDM 等复用技术提高无线信道的利用率；

（4）使用多元数字调制技术提高信元传输速率。

82. 什么是 RFID 技术？

答 RFID 是 Radio Frequency Identification 的缩写，叫作射频识别技术。RFID 射频识别是一种非接触式的自动识别技术，它通过射频信号自动识别目标对象并获取相关数据。RFID 是一种简单的无线系统，由一个询问器（或阅读器）和很多应答器（或标签）组成。常用于控制、检测和跟踪物体。

83. 什么是蓝牙技术？

答 蓝牙技术是一种无线数据与语音通信的开放性全球规范，其内容是为固定设备或移动设备之间的通信环境建立通用的近距无线接口，使各种设备在没有电线或电缆相连的情况下，能在近距离范围内实现相互通信或操作。其传输频段为全球公众通用的 2.4 GHz ISM 频段，提供 1 Mb/s 的传输速率和 10 m 的传输距离。

84. 什么是 Wi-Fi 技术？

答 Wi-Fi(Wireless Fidelity)是一种基于 IP 网络的无线通信协议，正式名称是 IEEE 802.11b，属于短距离无线通信技术，工作频率为 2.4 GHz，速率可达 11 Mb/s，通信距离可达 100 m 左右。Wi-Fi 协议也在不断发展，802.11g 的速率可达 54 Mb/s，802.11n 的速率最高可达 600 Mb/s。

85. 什么是集群通信系统,与常规通信系统的区别是什么?

答 集群通信系统是按照动态信道指配的方式实现多用户共享多信道的无线电移动通信系统,该系统一般由终端设备、基站和中心控制站组成,具有调度、群呼、优先呼、虚拟专用网、漫游等功能。而常规通信系统是指用户使用的频率是固定的,一个用户选定了 A 信道,就只能在 A 信道上通信。

86. 目前常用的卫星天线自动跟踪技术有哪些?

答 常用的卫星天线自动跟踪技术包括:陀螺及惯导组合跟踪、极大值跟踪、圆锥扫描跟踪及单脉冲跟踪等方式。

87. 在消防卫星通信网中,卫星调制解调器的作用是什么?

答 调制解调器,用于向部局中心站回传 STDMA 载波构成网管回传信道。在注册入网后可用于发射业务数据载波。

88. 在消防卫星通信网中,DVB 数据接收机(IRD)的作用是什么?

答 IRD 接收机,用于接收部局中心站的 DVB 载波,该载波包含了部局网管信令和部局中心站广播综合业务。

89. 在消防卫星通信网中,多路解调器的作用是什么?

答 多路解调器,一般具有 4 个接收通道,用于同时接收管辖区域内 4 个移动站的传输业务,构建网状网络。

90. GPS 差分技术的原理是什么?

答 为得到更高的定位精度,通常采用差分 GPS 技术:将一台 GPS 接收机安置在基准站上进行观测。根据基准站已知精密坐标,计算出基准站实测数据与已知坐标的修正误差,并由基准站实时将修正误差数据发送出去。用户接收机在进行GPS 定位的同时,也接收到基准站发出的修正误差,并对其定位结果进行修正,从而提高定位精度。差分 GPS 分为三大类:

位置差分、伪距差分和相位差分。

91. 网络硬件的组成有哪些?

答 计算机网络硬件系统是由计算机(服务器、客户机、终端)、通信处理机(集线器、交换机、路由器)、通信线路(同轴电缆、双绞线、光纤)、信息变换设备(Modem,编码解码器)等构成。

92. 什么是服务器?

答 服务器是为客户提供各种服务的计算机,因此对其有一定的技术指标要求,特别是主、辅存储容量及其处理速度要求较高。根据服务器在网络中所提供的服务不同,可将其划分为文件服务器、打印服务器、通信服务器、域名服务器、数据库服务器、WEB 服务器等。

93. 计算机网络的定义是什么?

答 计算机网络,是指将地理位置不同的具有独立功能的多台计算机及外部设备,通过通信设备和传输介质互联,在网络操作系统、网络管理软件及网络通信协议的管理和协调下,实现资源共享和信息传递的计算机系统。

94. 计算机网络的主要功能有哪些?

答 计算机网络的主要功能是实现计算机之间的资源共享、网络通信和对计算机的集中管理。除此之外还有负荷均衡、分布处理和提高系统安全与可靠性等功能。

95. 计算机网络的结构是如何组成的?

答 一个完整的计算机网络系统是由网络硬件和网络软件组成的。网络硬件一般指网络的计算机、传输介质和网络连接设备等。网络软件一般指网络操作系统、网络通信协议等。

96. 如何在确保安全的前提下，实现同构型内网与外网的互联？

答 确保网络安全可以采用隔离网闸、防火墙、入侵检测等，实现同构型内网与外网的互联。

97. 网络故障常见的问题有哪些？

答 (1) 连通性问题：硬件、媒介电源故障；配置错误；设备兼容性问题；

(2) 性能问题：网络拥塞；到目的地不是最佳路由；供电不足；路由环路；网络不稳定。

98. 如何检查计算机网络通信设备接地是否正常？

答 (1) 检查设备(天线)、三相插座、所连交换机的接地是否良好，可考虑将所有接地逐步去除通过排除法查找原因，有条件可检查接地电阻大小，电阻大小尽可能小，建议 5 Ω 以下。

(2) 可测量设备、交换机外壳与保护地之间是否存在电压差，检查有无干扰源或接地是否良好。

(3) 检查三相插座的零线和接地线之间是否存在电压，如果电压大于 3 V，表示三相插座线路存在问题或地线的接地没做好。

99. 用户上网过程中，出现网络中断的问题怎么解决？

答 (1) 检查用户上网位置环境是否发生较大变化、检查环境信号强度和质量是否降低；

(2) 检查用户无线网络环境是否存在干扰，无线网卡附近存在微波炉，开启了其他 AP 设备或其他无线客户端设备(客户端存在 ADHOC 的干扰情况)；

(3) 无线网卡是否还连接在无线网络上，是否已经切换到其他 SSID；

(4) 提示"系统检测连接已断开"，重新认证是否能恢复，如

果能恢复,需要在 portal 认证服务器上查找账号异常或失败的记录;

(5) 在 AC 上查看用户是否正常连接;

(6) 检查是否跨越不同 VLAN 漫游造成,FAT AP 只能二层漫游;

(7) 检查是否由于周围无线用户 P2P 下载造成。

100. 自动获取 IP 地址方式无法上网的原因是什么?

答 (1) DHCP(Dynamic Host Configuration Protocol,动态主机配置协议)服务器停止服务或者本地的 DHCP 服务未开启;(2) 路由器设置了 IP 地址限定。

101. 什么是网络协议?

答 网络协议是网络通信的数据传输规范,是网络中计算机相互实现通信必须遵守的约定和对话规则。目前典型的网络协议软件有 TCP/IP 协议(互联网协议)、IPX/SPX 协议(NetWare 协议)、NetBEUI 协议(Micrcsoft 协议)、IEEE802 标准协议系列等。其中,TCP/IP 是当前异种网络互连应用最为广泛的网络协议软件。

102. 简述计算机网络的拓扑结构。

答 网络拓扑结构是指网络中计算机线缆以及其他组件的物理布局。局域网常用的拓扑结构有:总线型结构、环型结构、星型结构、树型结构。拓扑结构影响着整个网络的设计、功能、可靠性和通信费用等许多方面,是决定局域网性能优劣的重要因素之一。

103. 什么是总线型拓扑结构?

答 总线型拓扑结构是指:网络上的所有计算机都通过一条同轴电缆相互连接起来。

总线上的通信:在总线上,任何一台计算机在发送信息时,其他计算机必须等待,而且计算机发送的信息会沿着总线向两端扩散,从而使网络中所有计算机都会收到这个信息。但是否接收,还取决于信息的目标地址是否与网络主机地址相同。若相同,则接收;若不同,则不接收。

104. 总线型拓扑结构有哪些优缺点?

答 优点:连接简单、易于安装、成本费用低。

缺点:①传送数据的速度缓慢:共享一条电缆,只能有其中一台计算机发送信息,其他接收。②维护困难:因为网络一旦出现断点,整个网络将瘫痪,而且故障点很难查找。

105. 什么是信号反射和终结器?

答 信号反射和终结器:在总线型网络中,信号会沿着网线发送到整个网络,当信号到达线缆的端点时,将产生反射信号,这种发射信号会与后续信号发生冲突,从而使通信中断。为了防止通信中断,必须在线缆的两端安装终结器,以吸收端点信号,防止信号反弹。

106. 星型拓扑结构有哪些特点?

答 每个节点都由一个单独的通信线路连接到中心节点上,中心节点控制全网的通信,任何两台计算机之间的通信都要通过中心节点来转接,因此中心节点是网络的瓶颈。这种拓扑结构又称为集中控制式网络结构,这种拓扑结构是目前使用最普遍的拓扑结构,处于中心的网络设备为集线器(Hub),也可以是交换机。

107. 星型拓扑结构有哪些优缺点?

答 优点:结构简单、便于维护和管理,因为当中某台计算机或线缆出现问题时,不会影响其他计算机的正常通信,维护比较容易。

缺点:通信线路专用,电缆成本高;中心结点是全网络的瓶颈,中心结点出现故障会导致网络的瘫痪。

108. 环型拓扑结构有哪些特点?

答 环型拓扑结构是以一个共享的环型信道连接所有设备,称为令牌环。在环型拓扑中,信号会沿着环型信道按一个方向传播,并通过每台计算机。每台计算机会对信号进行放大后,传给下一台计算机。同时,在网络中有一种特殊的信号称为令牌。令牌按顺时针方向传输。当某台计算机要发送信息时,必须先捕获令牌,再发送信息。发送信息后再释放令牌。环型结构有两种类型,即单环结构和双环结构。令牌环(Token Ring)是单环结构的典型代表,光纤分布式数据接口(FDDI)是双环结构的典型代表。

109. 环型拓扑结构有哪些优缺点?

答 优点:电缆长度短,连接简单。

缺点:节点过多时,影响传输效率,检测故障困难。

110. 树型拓扑结构有哪些特点?

答 树型结构是星型结构的扩展,它由根节点和分支节点所构成。

优点:结构比较简单,成本低,扩充节点方便灵活。

缺点:对根节点的依赖性大,一旦根节点出现故障,将导致全网不能工作。

111. 网状拓扑结构有哪些特点?

答 网状结构是指将各网络节点与通信线路连接成不规则的形状,每个节点至少与其他两个节点相连,或者说每个节点至少有两条链路与其他节点相连。大型互联网一般都采用这种结构,如我国的教育科研网 CERNET、Internet 的主干网都采用网状结构。

优点:可靠性高,因为有多条路径,所以可以选择最佳路径,减少时延,改善流量分配,提高网络性能;适用于大型广域网。

缺点:结构复杂,不易管理和维护;线路成本高;路径选择比较复杂。

112. 什么是混合型拓扑结构?

答 混合型结构是由总线型、星型、环型、树型、网状等拓扑结构混合而成的,如环星型结构,它是令牌环网和FDDI网常用的结构。

113. 什么是局域网?

答 局域网是将较小地理区域内的计算机或数据终端设备连接在一起的通信网络。局域网覆盖的地理范围比较小,一般在几十米到几千米之间。它常用于组建一个办公室、一栋楼、一个楼群、一个校园或一个企业的计算机网络。局域网主要用于实现短距离的资源共享,局域网的特点是分布距离近、传输速率高、延时小、数据传输可靠等。

114. 什么是城域网?

答 城域网是一种大型的LAN,它的覆盖范围介于局域网和广域网之间,一般为几千米至几万米。城域网的覆盖范围在一个城市内,它将位于一个城市之内不同地点的多个计算机局域网连接起来实现资源共享。城域网所使用的通信设备和网络设备的功能要求比局域网高,以便有效地覆盖整个城市的地理范围。

115. 什么是广域网?

答 广域网是在一个广阔的地理区域内进行数据、语音、图像信息传输的计算机网络。由于远距离数据传输的带宽有限,因此广域网的数据传输速率比局域网要慢得多。广域网可以覆盖一个城市、一个国家甚至于全球。因特网(Internet)是广域网的一种。

116. 计算机网络的传输介质有哪些,各有什么特点?

答 (1)双绞线:其特点是比较经济,安装方便,传输率和抗干扰能力一般,广泛应用于局域网中。

(2)同轴电缆:俗称细缆,传输带宽一般为 10 M,现在逐渐淘汰。

(3)光纤电缆:特点是传输距离长、传输效率高、抗干扰性强,是高安全性网络的理想选择。

(4)卫星、激光、微波等无线网络:部署快速灵活,使用方便,短距离传输时带宽较高,但安全保密较差。

117. 什么是网卡?

答 网卡是连接计算机与网络的基本硬件设备。网卡插在计算机或服务器扩展槽中,通过网络线(如双绞线、同轴电缆或光纤)与网络交换数据、共享资源。每块网卡都拥有唯一的 ID 号,叫作 MAC 地址(48 位),MAC 地址被烧录在网卡上的 ROM 中。

118. 网卡的主要功能有哪些?

答 网卡的功能主要有两个,一是将计算机的数据进行封装,并通过网线将数据发送到网络上;二是接收网络上传过来的数据,并发送到计算机中。

119. 非屏蔽双绞线(UTP)和屏蔽双绞线(STP)有何区别?

答 屏蔽双绞线外护套加金属屏蔽层,减少辐射,防止信息窃听,性能优于非屏蔽双绞线,但价格较高,安装比非屏蔽双绞线复杂。

120. RJ-45 网线接头的线序是什么?

答 根据 EIA/TIA 接线标准,RJ-45 接口制作有两种排序标准:EIA/TIA568A 标准的线序为:白绿、绿、白橙、蓝、白蓝、橙、棕、白棕;EIA/TIA568B 标准的线序为:白橙、橙、白绿、蓝、白蓝、绿、白棕、棕。

121. 简述网络直通线的制作方法。

答 直通线是将电缆的一端按一定线序排序后接入 RJ-45 接头，线缆的另一端也用相同的顺序排序后接入 RJ-45 接头。

122. 简述交叉线的制作方法。

答 交叉线是线缆的一端用一种线序排列，如 T568B 标准线序，而另一端用不同的线序，如 T568A 标准线序，这种线缆用于连接同种设备。

123. 简述直通线和交叉线的使用方法。

答 直通线和交叉线的使用方法如表 1-2 所示。

表 1-2　直通线和交叉线使用

PC 网卡	PC 网卡（对等网）	交叉线
PC 网卡	集线器 Hub	直通线
集线器 Hub	集线器 Hub(普通口)	交叉线
集线器 Hub	集线器 Hub(级联口—级联口)	交叉线
集线器 Hub	集线器 Hub(普通口—级联口)	直通线
集线器 Hub	交换机 Switch	交叉线
集线器 Hub(级联口)	交换机 Switch	直通线
交换机 Switch	交换机 Switch	交叉线
交换机 Switch	路由器 Router	直通线
路由器 Router	路由器 Router	交叉线

124. 光纤传输有哪些特点？

答 （1）频带极宽；（2）抗干扰性强；（3）保密性强（防窃听）；（4）传输距离长；（5）电磁绝缘性能好；（6）中继器的间隔较大。

125. 光纤跳线如何连接?

答 在 1 000 M 局域网中,计算机网卡具有光纤插口,交换机也有相应的光纤插口,连接时只要将光纤跳线进行相应的连接即可。在没有专用仪器的情况下,可通过观察,让交换机有光亮的一端连接网卡没有光亮的一端,让交换机没有光亮的一端连接网卡有光亮的一端。

126. 单模和多模光纤有何区别?

答 多模光纤由发光二极管产生用于传输的光脉冲,通过内部的多次反射沿芯线传输。可以存在多条不同入射角的光线在一条光纤中传输。单模光纤使用激光,光线与芯轴平行,损耗小,传输距离远,具有很高的带宽,但价格更高。在 2.5 Gb/s 的高速率下,单模光纤不必采用中继器可传输数十公里。

127. 集线器的通信特性是什么?

答 集线器的基本功能是信息分发,它将一个端口收到的信号进行整形、放大并转发给其他所有端口。同时,集线器的所有端口共享集线器的带宽。当在 1 台 10 Mb/s 带宽的集线器上只连接 1 台计算机时,此计算机的带宽是 10 Mb/s;而当连接 2 台计算机,每台计算机的带宽是 5 Mb/s;当连接 10 台计算机时,带宽则是 1 Mb/s。即用集线器组网时,连接的计算机越多,网络速度越慢。集线器可以扩展传输媒体的传输距离。

128. 交换机有哪些接口,各有什么作用?

答 交换机主要有 RJ - 45 接口、级联口、光纤接口、Console 接口。

RJ - 45 接口:交换机的大部分接口属于这种接口,主要用于连接网络中的计算机,从而组建计算机网络。

级联口:级联口主要用于连接其他交换机或网络设备。比如在组网时,交换机的端口数量不够,可以通过级联口将两个或

多个交换机级联起来,达到拓展端口的目的。级联口一般标有
"UPLINK"或"MDI"等标志。在级联时,可以通过直通线将交
换机的级联口与另一台交换机的 RJ-45 接口连接起来,从而组
建更大的网络。

光纤接口:一般也是用于和上一级交换机进行级联,能够提
供 1 000 M 以上的传输带宽,承担着主干传输的作用。对于一
些超远距离(大于 100 m)的联网需求,通常也使用光纤作为传
输介质。

Console 接口:是用于对交换机和其他网络设备进行参数
配置的专用接口。

129. 交换机有什么通信特性?

答 由于交换机采用交换技术,使其可以并行通信而不像
集线器那样平均分配带宽。如一台 100 Mb/s 交换机的每端口
都是 100 Mb/s,互连的每台计算机均以 100 Mb/s 的速率通信,
而不像集线器那样平均分配带宽,这使交换机能够提供更佳的
通信性能。

130. 交换机的分类有哪些?

答 按交换机所支持的速率和技术类型,可分为以太网交
换机、千兆位以太网交换机、ATM 交换机、FDDI 交换机等。

按交换机的应用场合,交换机可分为工作组级交换机、部门
级交换机和企业级交换机三种类型。

131. 工作组级交换机、部门级交换机和企业级交换机有什么区别?

答 工作组级交换机:是最常用的一种交换机,主要用于小
型局域网的组建,如办公室局域网、小型机房、家庭局域网等。
这类交换机的端口一般为 10/100 Mb/s 自适应端口。

部门级交换机:常用来作为扩充设备,当工作组级交换机不

能满足要求时可考虑使用部门级交换机。这类交换机只有较少的端口,但支持更多的 MAC 地址。端口传输速率一般为 100 Mb/s。

企业级交换机:用于大型网络,且一般作为网络的骨干交换机。企业级交换机一般具有高速交换能力,并且能实现一些特殊功能。

132. 路由器有哪些功能?

答 路由器是工作在网络层的设备,主要用于不同类型的网络的互联。概括起来,路由器的功能主要体现在以下几个方面。

路由功能:所谓路由,即信息传输路径的选择。当使用路由器将不同网络连接起来后,路由器可以在不同网络间选择最佳的信息传输路径,从而使信息更快地传输到目的地。事实上,互联网就是通过众多的路由器将世界各地的不同网络互联起来的,路由器在互联网中选择路径并转发信息,使世界各地的网络可以共享网络资源。

隔离广播、划分子网:当组建的网络规模较大时,同一网络中的主机台数过多,会产生过多的广播流量,从而使网络性能下降。为了提高性能,减少广播流量,可以通过路由器将网络分隔为不同的子网。路由器可以在网络间隔离广播,使一个子网的广播不会转发到另一子网,从而提高每个子网的性能,当一个网络因流量过大而性能下降时,可以考虑使用路由器来划分子网。

广域网接入:当一个较大的网络要访问互联网并要求有较高带宽时,通常采用专线接入的方式,一些大型网吧、校园网、企业网等往往采用这种接入方法。当通过专线使局域网接入互联网时,则需要用路由器实现接入。

133. 调制解调器的用途是什么？

答 调制解调器（Modem，俗称"猫"）的功能就是将电脑中表示数据的数字信号在模拟电话线上传输，从而达到数据通信的目的，主要由两部分功能构成：调制和解调。调制是将数字信号转换成适合于在电话线上传输的模拟信号进行传输，解调则是将电话线上的模拟信号转换成数字信号，由电脑接收并处理。

134. TCP/IP 协议的主要特性是什么？

答 TCP/IP 协议（传输控制协议/网际协议）是目前使用最广泛的协议，也是 Internet 上使用的协议。由于 TCP/IP 具有跨平台、跨路由的特点，可以实现异构网络的互联和跨网段通信，这使得许多网络操作系统将 TCP/IP 作为内置网络协议。组建局域网时，一般主要使用 TCP/IP 协议。TCP/IP 协议相对于其他协议来说，配置起来也比较复杂，每个节点至少需要一个 IP 地址、一个子网掩码、一个默认网关、一个计算机名等。

135. NETBEUI 协议的主要特性是什么？

答 NETBEUI 是一种体积小、效率高、速度快的协议。这种协议的主要特点是占用内存少、使用方便，在网络中基本不需作任何配置。但由于 NETBEUI 协议不具有路由功能，所以只能在同一网段内部通信，不能跨网段通信，这使得 NETBEUI 协议只能用于单网段的网络环境，不适合在多网络互联的环境中使用。

136. 什么是 IP 地址？

答 IP 地址是一个 32 位二进制数，用于标识网络中的一台计算机。IP 地址通常以两种方式表示：二进制数和十进制数。

二进制数表示：在计算机内部，IP 地址用 32 位二进制数表示,每 8 位为一段,共 4 段。如 10000011.01101011.00010000.11001000。

十进制数:为了方便使用,通常将每段二进制数转换为十进制数。

如 10000011.01101011.00010000.11001000 转换后的格式为:130.107.16.200。这种格式是我们在计算机中所配置的 IP 地址的格式。

137. 简述 IP 地址的组成。

答 IP 地址由两部分组成:网络 ID 和主机 ID。

网络 ID:用来标识计算机所在的网络,也可以说是网络的编号。主机 ID:用来标识网络内的不同计算机,即计算机的编号。

IP 地址规定:网络号不能以 127 开头,第一个字节不能全为 0,也不能全为 1;主机号不能全为 0,也不能全为 1。

138. 简述 IP 地址的分类。

答 为了更好地管理和使用 IP 地址,INTERNIC(国际互联网络信息中心)根据网络规模的大小将 IP 地址分为 5 类(ABCDE)。

A 类地址:第一组数(前 8 位)表示网络号,且最高位为 0,这样只有 7 位可以表示网络号,能够表示的网络号有 $2^7 - 2 = 126$ 个(去掉全"0"和全"1"的两个地址),范围是:1.0.0.0～126.0.0.0。后三组数(24 位)表示主机号,能够表示的主机号的个数是 $2^{24} - 2 = 16\ 777\ 214$ 个,即 A 类的网络中可容纳 16 777 214 台主机。A 类地址只分配给超大型网络。

B 类地址:前两组数(前 16 位)表示网络号,后两组数(16 位)表示主机号。且最高位为 10,能够表示的网络号为 $2^{14} = 16\ 384$ 个,范围是:128.0.0.0～191.255.0.0。B 类网络可以容

纳的主机数为 $2^{16}-2=65\,534$ 台主机。B 类 IP 地址通常用于中等规模的网络。

C 类地址:前三组表示网络号,最后一组数表示主机号,且最高位为 110,最大网络数为 $2^{21}=2\,097\,152$,范围是:192.0.0.0～223.255.255.0,可以容纳的主机数为 $2^8-2=254$ 台主机。C 类 IP 地址通常用于小型的网络。

D 类地址:最高位为 1110,是多播地址。

E 类地址:最高位为 11110,保留在今后使用。

注意:在网络中只能为计算机配置 A、B、C 三类 IP 地址,而不能配置 D、E 两类地址。

139. 有哪些特殊的 IP 地址?

答 主机号全 0:表示网络号,不能分配给主机。如:192.168.4.0 为网络地址。

主机号全 1:表示向指定子网发广播。如:192.168.1.255 表示向网络号 192.168.1.0 发广播。

255.255.255.255:本子网内的广播地址。

127.X.Y.Z:测试地址,不能配置给计算机。

140. 如何分配 IP 地址?

答 如果需要将计算机直接连入 Internet,则必须向有关部门申请 IP 地址,而不能随便配置 IP 地址。这种申请的 IP 地址称为"公有 IP"。在互联网中的所有计算机都要配置公有 IP。如果要组建一个封闭的局域网,则可以任意配置 A、B、C 三类 IP 地址。只要保证 IP 地址不重复就行了。这时的 IP 称为"私有 IP"。但是,考虑到这样的网络仍然有连接 Internet 的需要,因此,INTERNIC(国际互联网络信息中心)特别指定了某些范围作为专用的私有 IP,用于局域网的 IP 地址的分配,以免与合法的 IP 地址冲突。建议我们自己组建局域网时,使用这些专用的私有IP,也称保留地址。INTERNIC 保留的 IP 范围为:A 类地址:10.0.0.1～10.255.255.254;B 类地址:172.16.0.1～172.31.255.254;C 类地址:192.168.0.0～192.168.255.254。

141. 什么是子网掩码？如何配置子网掩码？

答 在 Internet 中,每台主机的 IP 地址都是由网络地址和主机地址两部分组成,为了使计算机能自动地从 IP 地址中分离出相应的网络地址,需专门定义一个网络掩码,也称子网屏蔽码,这样就可以快速地确定 IP 地址的哪部分代表网络号,哪部分代表主机号,判断两个 IP 地址是否属于同一个网络。

配置 TCP/IP 参数时,除了要配置 IP 地址之外,还要配置子网掩码。子网掩码也是 32 位的二进制数,具体的配置方式是:将 IP 地址网络位对应的子网掩码设为"1",主机位对应的子网掩码设为"0"。如:对于 IP 地址是 131.107.16.200 的主机,由于是 B 类地址,前两组数为网络号,后两组数为主机号。则子网掩码配置为:11111111.11111111.00000000.00000000,转换为十进制数为:255.255.0.0。由此,各类地址的默认子网掩码为:A 类:11111111.00000000.0000000.00000000 即 255.0.0.0;B 类:11111111.11111111.00000000.00000000 即 255.255.0.0;C 类:11111111.11111111.11111111.00000000 即 255.255.255.0。

142. 什么是默认网关？

答 在 Internet 中网关是一种连接内部网与 Internet 上其他网的中间设备,网关地址可以理解为内部网与 Internet 信息传输的通道地址。

143. 什么是域名地址(DNS)？

答 域名解析服务器是由解析器和域名服务器组成的。域名服务器是指保存有该网络中所有主机的域名和对应 IP 地址,并具有将域名转换为 IP 地址功能的服务器。其中域名必须对应一个 IP 地址，而 IP 地址不一定有域名。域名解析的作用是让我们在浏览网页时直接输入具有可读性的网址，而不是很难记忆的 IP 地址。

144. 什么是 IPv6？

答　我们现在使用的 IP 地址规范为 IPv4。IPv4（IP Version4）标准是 20 世纪 70 年代末期制定完成的。20 世纪 90 年代初期，WWW 的应用导致互联网爆炸性发展，导致 IP 地址资源日趋枯竭，现在的 IP 地址很快就要被用完了。为了解决 IP 地址资源日趋枯竭的问题，互联网工程任务组于 1992 年成立了 IPNGB 工作组着手研究下一代 IP 网络协议 IPv6。IPv6 使用长达 128 b 的地址空间，使互联网中的 IP 地址达到 2^{128} 个。除此之外，IPv6 具备更强的安全性、更容易配置。

145. 什么是 TCP/IP 协议？

答　TCP/IP 协议包括两个子协议，一个是 TCP 协议（Transmission Control Protocol，传输控制协议），另一个是 IP 协议（Internet Protocol，互联网协议），它起源于 20 世纪 60 年代末。在 TCP/IP 协议中，TCP 协议和 IP 协议各有分工。TCP 协议是 IP 协议的高层协议，TCP 在 IP 之上提供了一个可靠的连接方式的协议。TCP 协议能保证数据包的传输以及正确的传输顺序，并且它可以确认包头和包内数据的准确性。如果在传输期间出现丢包或错包的情况，TCP 负责重新传输出错的包，这样的可靠性使得 TCP/IP 协议在会话式传输中得到充分应用。IP 协议为 TCP/IP 协议集中的其他所有协议提供"包传输"功能，IP 协议为计算机上的数据提供一个最有效的无连接传输系统，也就是说 IP 包不能保证到达目的地，接收方也不能保证按顺序收到 IP 包，它仅能确认 IP 包头的完整性。最终确认包是否到达目的地,还要依靠 TCP 协议,因为 TCP 协议是有连接服务。

146. 什么是客户/服务器体系结构?

答 在 Internet 的 TCP/IP 环境中,联网的计算机之间进行相互通信的模式主要采用客户/服务器(Client/Server)模式,也称为 C/S 结构。以浏览网页为例,用户在浏览器窗口的地址栏中输入了网址并按下回车键后,即向网站的服务器发出了请求浏览该页面的请求,服务器响应该请求,将网页内容返回到客户端,并在客户端的浏览器窗口中显示出来。由此可见,在 C/S 结构中,通常由客户端提出某种服务的请求,而服务器端则根据客户端的请求,运行相应的处理程序,并将响应的结果返回到客户端。

147. 什么是域名地址?有哪些常见机构类别域名和国家顶级域名?

答 域名地址是 IP 地址的符号化结果,为了便于识记 IP 地址,人们用一组字符组成的名字代替 IP 地址。域名地址必须经过域名服务器(即 DNS)将其转换成 IP 地址后,才能被网络所识别。域名地址结构如下:主机名.机构名.机构类别名.顶级域名。

例:www. sina. com. cn 表示网络中主机为 www,机构为 sina,机构性质为商业机构(com),所在国家为中国(cn)的计算机主机地址。

常见的机构类别有:com:商业机构;net:网络机构;edu:教育机构;mil:军事机构;gov:政府机构;org:非盈利组织机构。

常见的国家顶级域名有:cn:中国;jp:日本;uk:英国。由于历史的原因,美国的专用域名 us,通常都可以省略不写。

148．接入 Internet 的方式主要有哪些？

答 Internet 接入方式通常有专线连接、局域网连接、无线连接和电话拨号连接 4 种。

（1）ADSL：目前用电话线接入 Internet 的主流技术是 ADSL（非对称数字用户线路），它采用频分复用技术把普通的电话线分成了电话、上行和下行三个相对独立的信道，从而避免了相互之间的干扰。即使边打电话边上网，也不会发生上网速率和通话质量下降的情况。ADSL 是一种异步传输模式（ATM），在电信服务提供商端，需要将每条开通 ADSL 业务的电话线路连接在数字用户线路访问多路复用器（DSLAM）上。而在用户端，用户需要使用一个 ADSL 终端（调制解调器 Modem）来连接电话线路。

（2）ISP：即 Internet Service Provider，互联网服务提供商，即向广大用户综合提供互联网接入业务、信息业务和增值业务的电信运营商。ISP 是经国家主管部门批准的正式运营企业，享受国家法律保护。ISP 提供的功能主要有：分配 IP 地址和网关及 DNS，提供联网软件，提供各种 Internet 服务及接入服务。中国三大 ISP 服务商分别是：中国电信、中国移动、中国联通。其他的 ISP 服务商有：长城宽带、中国教育和科研计算机网、中国科技网等。

（3）无线连接：即我们常用的 WIFI，无线局域网不需要布线即能实现联网，为用户的使用提供了极大的便捷。

149．什么是统一资源定位器？

答 统一资源定位器（即 URL，也称为网址）用于唯一地标识网络中的资源地址，一个 URL 地址通常以 Internet 使用的标准协议 http://开始，其后分别是要访问的网络资源所在的服务器的域名地址，以及资源在服务器上的具体路径及文件名。也可以使用其他协议访问相应的资源。通常情况下，用户通过浏览器地址栏输入要访问的 URL 地址来访问相应的网络资源。

例如，http://www.crrtvu.com/jsjjc/zjfd.asp，表示访问的网络资源为服务器域名地址为 www.crrtvu.com 的位于 jsjjc 路径下的 zjfd.asp 文件。

URL 的格式为：协议://IP 地址或域名地址/路径/文件名。

150. 什么是 http 协议？

答 http 即 Hyper Text Transfer Protocol（超文本传输协议）是 Internet 应用最为广泛的一种信息传输协议，所有基于万维网 WWW 的资源都必须使用这个协议访问，因此也是各种浏览器默认的访问协议。也就是说，当我们在浏览器地址栏中直接输入一个域名地址并按下回车键提出访问请求时，默认使用 http:// 协议进行访问。

151. 什么是网页？

答 网页是网站中提供的可供用户以 http:// 协议访问的页面，访问网站中的页面，可以通过网站首页提供的导航功能实现，也可以通过点击网站首页中的超级链接实现，还可以直接在浏览器的地址栏中输入网页的 URL 地址直接访问。

网页由文本和 HTTP 标记组成，其文件的扩展名为.htm（或.html），称为 HTTP 文档（静态网页）。如果在网页的 HTTP 标记中嵌入各种程序脚本，就可以实现动态交互形式的网页了，其文件的扩展名可以是.asp，也可以是.php 或.jsp，这些就是动态网页。

152. 什么是电子邮件？

答 电子邮件（即 E-mail，又称为电子邮箱），是一种利用计算机网络提供的信息交换的通信方式,也是 Internet 中应用最广泛的服务之一。通过网络的电子邮件系统,用户可以用非常低廉的价格和非常快速的方式与世界上任何一个角落的网络用户进行联系、交换信息。电子邮件的内容可以包括文字、图像、声音和其他任何一种格式的文件。

电子邮件通过电子邮件服务器(可看成是电子邮件的邮局)实现邮件的传送,因此,拥有电子邮件账号的用户,可以在任何地方登录 Internet 的电子邮箱,接收和发送电子邮件。

153. 什么是网站主页?

答 网站主页(Home Page)即网站的起始页,用户通过主页访问网站,了解网站(个人或机构)的相关信息。主页通常给访问者留下对网站最直观的印象,是反映网站形象的重要标志,也是网站所有信息的归类目录或分类缩影,在整个网站中具有十分重要的作用。

154. 什么是 TCP/IP 参考模型?

答 TCP/IP 是一组用于实现网络互连的通信协议,是 Internet 网络体系结构的核心。基于 TCP/IP 的参考模型将协议分成五个层次,它们分别是:物理层、网络访问层、网际互联层、传输层(主机到主机)和应用层。

155. 什么是流媒体? 流式传输是如何传输音频/视频等大数据量媒体信息的?

答 所谓流媒体是指采用流式传输的方式在 Internet 播放的媒体格式,流媒体又叫流式媒体。

在网络上传输音频/视频等多媒体信息,主要有下载和流式传输两种方案。A/V 文件一般都较大,需要占用的存储容量也较大;同时由于网络带宽的限制,下载常常要花很长时间。流式传输时,声音、影像或动画等时基媒体由音视频服务器向用户计算机连续、实时传送,用户不必等到整个文件全部下载完毕,而只需经过几秒或十数秒的启动延时即可进行观看。当声音等时基媒体在客户机上播放时,文件的剩余部分将在后台从服务器内继续下载,有效地节省了媒体信息的传输时间,而且不需要太大的缓存容量,从而解决了用户必须等待整个文件全部从Internet 上下载才能观看的问题。

实现流媒体需要两个条件:合适的传输协议和缓存。

156. **常用流媒体格式有哪些**?

答 常用流媒体格式有:RA:实时声音;RM:实时视频或音频的实时媒体;RT:实时文本;RP:实时图像;SMIL:同步的多重数据类型综合设计文件;SWF:micromedia 的 real flash 和 shockwave flash 动画文件;RPM:HTML 文件的插件;RAM:流媒体的元文件,是包含 RA、RM、SMIL 文件地址(URL 地址)的文本文件;CSF:一种类似媒体容器的文件格式,可以将非常多的媒体格式包含在其中,而不仅仅限于音、视频。

157. **常见的网络设备有哪些**?

答 网络设备及部件是连接到网络中的物理实体。基本的网络设备有:计算机(无论其为个人电脑或服务器)、集线器、交换机、网桥、路由器、网关、网络接口卡(NIC)、无线接入点(WAP)、打印机和调制解调器。

158. **什么是中继器**?

答 中继器(Repeater)是局域网互联的最简单设备,它工作在 OSI 体系结构的物理层,用于接收并识别网络信号,并将信号放大后再传送给其他设备。中继器可以用来连接不同的物理介质,并在各种物理介质中传输数据包,从而起到扩展网络的作用。

159. 什么是网卡？

答　网络接口卡（NIC）：又称为网卡，是建网必需的基本连接设备，用于计算机和通信电缆的连接，并提供高速数据的传输，工作在物理层和数据链路层。因此，局域网中的每一台计算机都必须安装网卡，网卡通常插接在计算机主板的扩展槽中。

160. 什么是集线器？

答　集线器（Hub）：用于将单一的传送通道变为多口的传送通道，以便于多台计算机能通过一条网线上网，可视为多端口的中继器，也是常见的网络连接设备。集线器多用于共享式局域网中，现已逐渐被交换机替代。

161. 什么是网桥？

答　网桥（Bridge）：即交换机，是局域网的核心连接设备，它支持端口连接的结点之间的多个并发连接，从而增大网络带宽，改善局域网的性能和服务质量，实现同类型的局域网的互联，是工作在数据链路层的多端口设备。

162. 什么是无线 AP？

答　无线 AP 也称为无线访问点或无线路由器，通过无线 AP，任何一台装有无线网卡的主机都可以连接有线局域网络。无线 AP 非常适用于在建筑物之间、楼层之间等不便于架设有线局域网的地方构建无线局域网。

163. 什么是路由器？

答　路由器（Router）是用于实现局域网与广域网互连的主要设备，对网络数据传输采用分组方式，并提供路由选择，是工作在网络层实现网络联系的设备。

164. 什么是网关？

答 网关(Gateway)可以是能够起到将数据从一种格式转化成另一种格式的功能的任何设备、系统或软件应用程序,但网关本身并不改变数据,是工作在传输层及其以上高层,实现不同种类网络连接的设备。

165. 常见的网络传输媒介有哪些？

答 网络传输介质是网络中发送方与接收方之间的物理通路,它对网络的数据通信具有一定的影响。常用的传输介质有:双绞线、同轴电缆、光纤、无线传输媒介。无线传输媒介包括:无线电波、微波、红外线等。

166. 双绞线有哪些类别？

答 双绞线分为非屏蔽双绞线(UTP)和屏蔽双绞线(STP)。非屏蔽双绞线价格便宜,传输速度偏低,抗干扰能力较差。屏蔽双绞线抗干扰能力较好,具有更高的传输速度,但价格相对较贵。双绞线需用 RJ-45 或 RJ-11 连接头插接。

167. 什么是光缆？

答 光缆是由一组光导纤维组成的用来传播光束的、细小而柔韧的传输介质。应用光学原理,由光发送机产生光束,将电信号变为光信号,再把光信号导入光纤,在另一端由光接收机接收光纤上传来的光信号,并把它变为电信号,经解码后再处理。

与其他传输介质比较,光纤的电磁绝缘性能好、信号衰耗小、频带宽、传输速度快、传输距离大,主要用于传输距离较长、布线条件特殊的主干网连接,具有不受外界电磁场的影响、无限制带宽等特点,可以实现每秒几十兆位的数据传送,尺寸小、重量轻,数据可传送几百千米,但价格相对昂贵。

168．同轴电缆有哪些类别？

答 同轴电缆可分为 75Ω（粗缆）和 50Ω（细缆）两种，根据传输频带的不同，可分为基带同轴电缆和宽带同轴电缆两种类型：基带用于传送数字信号，信号占整个信道，同一时间内能传送一种信号；宽带可传送不同频率的信号。

169．同轴电缆的性能如何？

答 粗缆传输距离长、性能好，但成本高，网络安装、维护困难，一般用于大型局域网的干线，连接时两端需终接器。细缆通过 T 型连接器（T 型头）与 BNC 网卡相连，细缆网络每段干线长度最大为 185 m，每段干线最多接入 30 个用户。如采用 4 个中继器连接 5 个网段，网络最大距离可达 925 m。细缆安装较容易，造价较低，但日常维护不方便，一旦一个用户出故障，便会影响其他用户的正常工作。

170．二层交换机和三层交换机的主要区别是什么？

答 三层交换机就是具有部分路由器功能的交换机，三层交换机的最重要目的是加快大型局域网内部的数据交换，所具有的路由功能也是为这一目的服务的，能够做到一次路由，多次转发。对于数据包转发等规律性的过程由硬件高速实现，而像路由信息更新、路由表维护、路由计算、路由确定等功能，由软件实现。三层交换技术就是二层交换技术＋三层转发技术。传统交换技术是在 OSI 网络标准模型第二层——数据链路层进行操作的，而三层交换技术是在网络模型中的第三层实现了数据包的高速转发，既可实现网络路由功能，又可根据不同网络状况做到最优网络性能。

171．什么是 VLAN，VLAN 的划分有几种方式？

答 VLAN 的中文名为"虚拟局域网"。虚拟局域网（VLAN）是一组逻辑上的设备和用户，这些设备和用户不受物理位置的限制,可以根据功能、部门及应用等因素将它们组织起来,相互之间的通信就好像它们在同一个网段中一样,由此得名虚拟局域网。VLAN 工作在 OSI 参考模型的第二层和第三层,一个 VLAN 就是一个广播域,VLAN 之间的通信是通过第三层的路由器来完成的。与传统的局域网技术相比较,VLAN 技术更加灵活,它具有以下优点:网络设备的移动、添加和修改的管理开销减少;可以控制广播活动;可提高网络的安全性。

VLAN 一般有以下三种划分方法:基于端口的 VLAN 划分、基于 MAC 地址的 VLAN 划分、基于路由的 VLAN 划分。

172. 简述消防信息网的部署架构和接入方式。消防信息网承载的主要业务是什么?

答 消防计算机通信网以公安信息网为依托,形成三级网络结构,横向接入公安信息网,纵向贯通部局、总队、支队和大队(中队)。部局通过 1 000 Mb/s 线路接入公安部、总队通过 1 000 Mb/s 或 100 Mb/s 线路接入省公安厅、支队通过 100 Mb/s线路接入地/市公安局、大队(中队)通过 100 Mb/s 或 10 Mb/s线路接入县公安局。消防信息网主要用于各级消防部队的日常网络办公及业务传输。

173. 简述消防指挥网的部署架构和接入方式。

答 消防指挥网按照部局到总队、总队到支队、支队到中队三级网络结构进行部署。其中部局到总队不低于 155 Mb/s,总队到支队不低于 100 Mb/s,支队到大(中)队以及专职消防队等相关单位不低于 10 Mb/s。根据业务发展需要,该网络可遵循公安机关安全接入平台的技术要求,逐步延伸至政府各应急救援联动单位。其网络拓扑结构如图 1-7 所示。

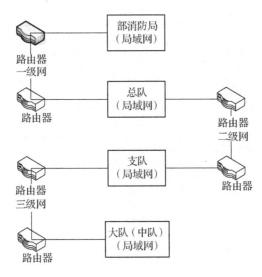

图 1-7 消防指挥网

174. 消防指挥网承载的主要业务是什么？

答 指挥调度网主要用于部局、总队、支队、大(中)队以及专职消防队等相关单位的图像综合管理平台、语音综合管理平台、一体化业务平台的灭火救援指挥系统的指挥调度部分等信息传输。

175. 消防信息网、消防指挥网、消防卫星网、3G 图像传输网、消防移动接入平台之间是什么连接关系？

答 (1)消防信息网与消防指挥网之间是逻辑隔离，部分服务器通过双网卡或 VLAN 的方式向两个网络的用户提供访问服务。消防信息网与公安信息网是互联互通的。

(2)消防指挥网和消防卫星网是互联互通的。

(3)3G 图像传输网通过网闸和防火墙与消防指挥网互联互通。

（4）消防移动接入平台是消防移动终端接入消防信息网（公安信息网）的安全接入平台。消防移动接入平台部署了AAA 认证、VPN 网关、网闸、防火墙、客户端鉴权管理等更加严格的安全措施。

176. 如何使用 DOS 命令查询本机的 IP 地址？如何检测网络通断情况和网络时延？

答 查询本机的 IP 地址使用 IPConfig 命令。检测网络通断使用 ping 命令。命令格式如下：

Ping　目的 IP 地址　—t 。

177. 什么是 MAC 地址，有什么作用？

答 MAC 地址，称为网卡的物理地址或硬件地址，用来定义网络设备的位置。每一个主机都会有一个 MAC 地址和一个专属于它的 IP 地址。在 OSI 模型中，第三层网络层负责识别 IP 地址，第二层数据链路层则负责识别 MAC 地址。换句话说，路由器识别 IP 地址，交换机和集线器识别 MAC 地址。

MAC 地址采用十六进制数表示，共六个字节（48 位），网络设备出厂时 MAC 地址被烧录在网卡的 ROM 中。

178. 如何选择光纤调制解调器？

答 （1）根据传输的距离进行选择。

（2）根据提供的业务端口进行选择，业务端口包括音频、视频、网络、电话、E1、控制数据等。

（3）根据可用光纤的数量进行选择，有收发异芯和收发同芯等选择。

（4）根据网管功能的要求进行选择。

（5）根据安装方式进行选择，有机架式和独立式等。

179. 蓝牙、Wifi、RFID 技术各有什么特点？

答 （1）传输速率不同。Wifi（802.11n）的速率最高可达

600 Mb/s,蓝牙4.0的最高速度为24 Mb/s,RFID的读取速度一般为800 b/s或1 600 b/s。

(2) 传输距离不同。Wifi的距离为20~200 m,蓝牙4.0最大范围为100 m,RFID作用距离可根据采用的技术从若干厘米到1千米不等。

180. 网络故障的软件因素有哪些?

答 (1) 未使用规定的网络协议或使用的协议过多引起冲突;(2) 网络协议或网络应用软件的参数设置错误;(3) 网络访问管理软件所制定的权限限制;(4) 网络病毒、木马以及不良程序代码的破坏;(5) 网络黑客的恶意阻断攻击;(6) 操作系统或其他软件故障的影响;(7) 网卡驱动错误;(8) IP地址冲突或所用IP与所处VLAN指定的合法IP段不相符;(9) 多网卡主机指定两个以上网关引起的数据包出口歧义;(10) 路由器配置错误。

181. 软件引起的网络故障的解决办法是什么?

答 (1) 根据上网性质选定合适的网络协议,上因特网必须使用TCP/IP协议,其他协议可根据需要选择安装;

(2) 正确设置与网络相关的各项网络参数。使用经规划分配的本机IP地址,避免IP冲突;设置唯一的网关地址;设置正确的DNS服务器地址等;

(3) 向网络管理员报告并申请授予网络访问权限;

(4) 安装正版杀毒及防火墙软件;

(5) 启用网络防火墙抵抗泛洪等阻断攻击的功能;

(6) 修复或重装已损坏的操作系统或软件;

(7) 安装正确的网卡驱动程序;

(8) 向网络管理员申请经规划了的IP地址或向网络管理部门举报滥用IP情况;

（9）在多网络接口的主机上仅设置一个网关地址；

（10）由网络管理员重新配置路由器，纠正存在的错误。

182. 网络故障可分为哪几种？

答 网络故障可分为硬件故障和软件故障：硬件故障如路由器和防火墙等网络设备出故障；软件故障如数据库和相关软件系统出故障。

网络故障也可分为内网故障和外网故障。

183. 计算机网络故障排除常用命令主要有哪几种？

答 （1）利用 Arp 工具检验 MAC 地址解析；（2）利用 Hostname 工具查看主机名；（3）利用 IPConfig 工具检测网络配置；（4）利用 Nbtstat 工具查看 NetBIOS 使用情况；（5）利用 Netstat 工具查看协议统计信息；（6）利用 Ping 工具检测网络连通性；（7）利用 Tracert 进行路由检测。

184. 出现网络故障的主要原因有哪几点？

答 （1）计算机操作系统的网络配置问题；（2）网络通信协议的配置问题；（3）网卡的安装设置问题；（4）网络传输介质问题；（5）网络交换设备问题；（6）计算机病毒引起的问题；（7）人为误操作引起的问题。

185. 网络通信设备故障如何分类？

答 （1）按故障性质分为软故障和硬故障；

（2）按故障影响范围和程度分为全局性、相关性、局部性、独立性故障；

（3）按故障发生的时间、周期分为固定性故障和暂时性故障。

186. 网络设备故障的检修方法有哪几种？

答 （1）直接观察法；（2）测量法；（3）插拔法；（4）试探法；

（5）比较法。

187.电话交换机死机故障的应急处理方法是什么？

答　（1）切换主备板卡：如未恢复则执行步骤（2），重启交换机。

（2）重启交换机：拨打电话测试是否恢复正常。

第二节　消防业务信息系统管理

1.地理信息系统是什么，常用的主流软件有哪些？

答　地理信息系统（Geographic Information System 或 Geo‐Information system，GIS）是一种特定的十分重要的空间信息系统，它是在计算机硬、软件系统支持下，对整个或部分地球表层（包括大气层）空间中的有关地理分布数据进行采集、储存、管理、运算、分析、显示和描述的技术系统。

常用的地理信息系统主流软件包括：ArcGIS、MapInfo。

2.灭火救援指挥系统在总队一级连接的单位有哪些，具有哪些功能？

答　覆盖全省（自治区）消防责任辖区，连通省（自治区）、地区、市、县消防指挥中心及灭火救援有关单位，能与省（自治区）公共安全应急机构指挥系统、公安机关指挥系统互联互通，具有全省（自治区）战备训练、作战指挥和信息支持等功能。总队通过直报系统了解、掌握全省的灾害发生、发展情况，结合业务管理系统提供的执勤实力数据和灭火救援处置方案，制定相应的决策信息，针对实际灾害环境进行抢险救灾力量的指挥调度。

总队灭火救援指挥系统同总队基础数据平台进行交互，获取其他系统提供的基础信息，并将自己维护的信息提供给基础数据平台供其他系统使用。总队向部局上传水源信息、预案信息等。

3. 灭火救援指挥系统在支队一级连接的单位有哪些,具有哪些功能?

答 覆盖全市,连通城市消防指挥中心、消防站及灭火救援有关单位,能与城市公共安全应急机构指挥系统、公安机关指挥系统互联互通,能受理责任辖区火灾及其他灾害事故报警,以及指挥调度等功能。

4. 灭火救援指挥系统在大(中)队一级连接的单位有哪些,具有哪些功能?

答 能接收上级的指挥调度指令,根据上级的命令进行出动,同时对责任辖区的基础信息如灾情、水源、预案等进行录入和维护,并通过业务训练和战评总结管理提高作战能力。

5. 目前在灭火救援指挥系统中,移动电话报警定位主要采用什么技术?当报警人通过固定电话报警时,电信反馈的一般是哪些信息?

答 移动电话报警定位技术主要采用基站定位 L 技术;当报警人通过固定电话拨打 119 时,电信反馈的一般是电话号码、用户名、装机地址。

6. 运维管理平台(NCC、BCC)的作用是什么?

答 在日常巡检过程中,部局、总队及支队运维人员通过运维管理平台对本级及下级单位所有搭载一体化消防业务信息系统服务器的网络状况、服务器(应用服务器、数据库服务器)磁盘空间、CPU 使用率、备份工作状况和业务系统(基础数据平台及公共服务平台、部队管理系统、消防监督管理系统、社会公众服务平台、灭火救援指挥系统、综合统计分析系统)运行状态等各方面进行巡检,在检查中如遇到问题要如实记录并及时解决。

7. 运维管理平台的主要设计思路是什么?

答 在对运维管理平台的整体功能设计中,根据运维管理体系的设计,要支撑"主动运维、透明管理"的运维管理模式。为保证运维管理平台的功能应用符合实际运维工作情况,运维平台是对管理范围、管理对象和服务内容三项工作要求提供的信息化支撑工具。

8. 运维管理平台由哪几部分组成,其统一工作门户是哪个部分?

答 运维管理平台自顶向下纵向分为五部分:运维门户、决策分析、服务管理、监控预警、接口管理。其中,运维门户为运维管理平台的统一工作门户,它为信通部门领导、运维管理人员、维护人员以及值班监控人员等用户提供统一的工作界面。

9. 运维管理平台中待办事项功能模块的作用是什么?

答 待办事项是用户处理所有工作事宜的统一入口,是基于工作流程,集成从运维管理各应用系统中抽取的待办事项的浏览、审阅与签转。

10. 在运维管理平台的功能组成中,系统配置的作用是什么?

答 提供支持运维管理平台正常运行的各项基础数据、配置信息、监控模板的新增、删除、修改和查询功能。

11. 灭火救援指挥系统中火警受理的流程有哪些?

答 (1)火警受理模块接收到固定电话、手机等多种报警来源的报警信息;

(2)查询信息支持部分情报信息库数据,获取执勤实力数据和预案数据,编制第一出动方案;

(3)火警受理模块向中队火警终端模块下达出动命令,启动中队联动装置,中队火警终端模块接收出动命令;

(4)火警受理模块接收火警终端模块的出动信息反馈;

(5)记录火警受理全过程,并归档到情报信息库中;

(6)火警终端监控模块定时监控火警终端状态;

（7）定时发送信息到火警终端监控模块。

12. 灭火救援指挥系统中指挥调度的流程有哪些？

答 （1）总队跨区域指挥调度系统接收到跨区域增援请求；

（2）通过指挥决策支持子系统提供的决策支持数据和信息支持部分的执勤实力数据，并结合现场信息，形成跨区域指挥调度方案；

（3）向方案涉及的支队指挥调度终端（或现场指挥中心）下达作战指令；

（4）必要时向部局指挥中心发送跨省区域增援请求；

（5）部局跨区域指挥调度系统接收到跨省区域增援请求后，通过指挥决策支持子系统提供的决策支持数据和信息支持部分的执勤实力数据，并结合现场信息，形成跨省区域指挥调度方案，向方案涉及的总队指挥中心（或现场指挥中心）下达作战指令；

（6）记录指挥调度过程到情报信息库中。

13. 灭火救援指挥系统中信息支持部分的流程有哪些？

答 （1）指挥决策支持子系统接收到各级跨区域指挥调度系统的现场态势信息等数据后，通过预案管理子系统、情报信息管理子系统和地理信息服务平台提供的数据，形成新的灾害处置方案，并把方案反馈给各级跨区域指挥调度系统；

（2）车辆动态管理子系统接收到车辆等设备的 GPS 数据，向各级指挥调度系统提供车辆状态、位置的订阅和分发功能。

14. 灭火救援指挥系统中业务工作部分的流程有哪些？

答 业务工作部分信息流程：

（1）指挥中心信息直报子系统通过获取情报信息库中的人员、机构等信息形成各级各类值班信息，并将值班情况信息存储于情报信息库；

（2）执勤实力动态管理子系统通过获取情报信息库中的人员、机构、装备器材等信息，在日常业务工作中维护其状态信息，保证当前执勤实力的准确状况，供灭火救援指挥调度使用；

（3）水源管理子系统将采集维护的水源信息数据存储于情报信息库；

（4）预案管理子系统通过获取情报信息库中的单位、建（构）筑物、场所等信息，形成各级各类预案，并存储于情报信息库，供火警受理、跨区域指挥调度系统使用；

（5）业务训练管理子系统通过获取情报信息库中的人员、机构等信息，将训练计划、考核评定信息存储于情报信息库；

（6）战评总结子系统对作战记录（语音、图像、图文）汇总和整理，形成规范统一的战评资料，能够将战评总结资料和相对应的战评总结报告进行归档存储。

15. 根据图 1-8，指出灭火救援指挥系统与外部系统（基础数据及公共服务平台）的主要关系？

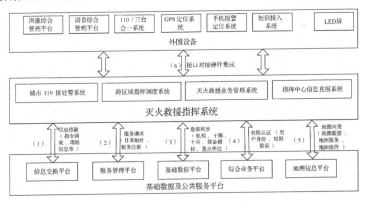

图 1-8 灭火救援指挥系统与外部系统

答 （1）灭火救援指挥系统利用信息交换平台进行信息的发布、查询和订阅,通过信息交换平台实现指令调度、现场情况等信息传输;

（2）灭火救援指挥系统在服务管理平台上注册服务信息并可通过服务管理平台查询其他系统服务接口;

（3）灭火救援指挥系统通过调用基础数据及平台数据访问服务提供的数据服务,实现对数据库中数据的访问和维护。灭火救援指挥系统获取的数据主要包含部队管理系统维护的机构、干部、士兵、装备器材数据以及消防监督管理系统维护的消防重点单位数据;

（4）灭火救援指挥系统通过在消防综合业务平台登录,获得统一的功能权限;

（5）灭火救援指挥系统调用地理信息服务平台提供地图数据、地图应用服务和地图组件;

（6）灭火救援指挥系统通过各类软硬件接口实现与外围设备的综合集成,包括图像综合管理平台、语音综合管理平台、手机报警定位等。

16. 灭火救援指挥系统中警情受理方面体现"四个突破"具体内容是什么?

答 一是大集中接警。充分发挥消防业务部门专业化处警的优势,实现各级消防部队之间的指令贯通。在符合公安"三台合一"三种模式的前提下采用消防大集中接警模式,是为了更好地实现"三台合一"。通过大集中接警,利用图像综合管理平台和语音综合管理平台可以实现支队指挥视频、3G图像、卫星图像、营区监控和城市远程监控等视频资源的统一管理和调用,消防部队上下共享,与公安机关等横向互通,实现可视化指挥。

二是手机报警定位,地图直观判断。在地图上显示拨打119报警电话的手机定位信息,可与灾害地点进行比对,有助于快速识别、排除部分虚假报警。

三是软件与硬件的接口实现标准化,解决下级与上级单位跨区域指挥调度的指令信息传输问题,解决原接处警软件的改造问题,解决外围系统互联互通和互操作问题。

四是错位报警转接及跨区域、跨部门之间的语音联合调度。当受理到非辖区警情时,可通过总队实现警情的转移。同时在大集中接警的前提下,实现公安110、消防119与报警人三方通话和系统间的资源共享,有利于协同指挥。

17. 灭火救援指挥系统中业务管理及信息直报方面是如何实现"基础工作信息化,信息工作基础化"的?

答 一是灭火救援基础业务与信息化管理的有机融合,利用信息系统,将水源管理、预案管理、业务训练、执勤实力动态管理、战评总结等基础业务工作信息化,建立台账的同时也为灭火救援指挥调度提供数据支持。

二是对灭火救援基础数据和业务流程进行了相对统一,灭火救援指挥部所需的人员、机构、车辆装备、药剂等信息由政工、警务、装备等系统提供唯一的数据来源,并通过审批流程的定义,确保数据质量。

三是实现了"一张图"的管理思想,通过统一的地理信息数据标准,使所有的消防业务图层信息在一张图上展示,使基于地图的消防业务信息量最大化。

四是对灭火救援全过程的信息采集和支持,在战评总结时,能够将接警、调度、现场指挥全过程的信息记录进行还原,为战评提供客观依据。

18. 灭火救援指挥系统分哪几级部署,业务涵盖哪些环节?

答 根据业务实际特点采用部局、总队、支队、大(中)队四级部署模式。

灭火救援指挥系统能够贯穿部局、总队、支队、大(中)队和灾害现场，涵盖战备工作、业务训练和灭火救援作战等环节。

19. 灭火救援指挥系统的部署方式是怎样的？

答 火警受理系统(城市 119 接处警系统)部署方式：部署平台为 C/S 结构，系统部署在直辖市总队和地市级支队。其中，火警受理终端模块部署在大(中)队。

跨区域指挥调度系统部署方式：部署平台为 C/S 结构，系统部署在部局和省总队。

灭火救援业务管理系统部署方式：部署平台为 B/S 结构，系统部署在部局和总队。

指挥中心信息直报系统部署方式：部署平台为 B/S 结构，系统部署在部局和总队。

20. 软件一体化架构设计，就是按照共性技术体制，遵循统一标准规范，建立统一交换机制，实现整合集成、互联互通、信息共享和适应变化的核心目标。对用户来说，就是能以统一的身份和授权，无论何时、何地、访问何系统，均能得到及时、准确、有效的服务；对系统开发来说，就是能够按标准接口零件化生产、按需个性化配置和动态组装、根据业务变化动态升级。落实一体化软件设计思想最关键、最核心的部分是通过建设基础数据平台及公共服务平台实现"七个统一"，请要点式回答是哪"七个统一"。

答 (1)统一数据资源；(2)统一身份认证；(3)统一权限管理；(4)统一工作门户；(5)统一服务管理；(6)统一信息交换；(7)统一地理支撑。

21. 消防部队一体化软件中,业务数据和基础数据的来源分别有哪些?

答 业务数据的来源是:灭火救援指挥系统、部队管理系统、消防监督管理系统、社会公众服务平台、综合统计分析系统产生的业务数据。

基础数据的来源是:从业务数据中筛选并组织起来的基础数据。

22. 消防部队一体化业务信息系统中"基础数据平台"和"基础数据库"有何关系?

答 基础数据平台以基础数据库为核心,依托基础数据平台软件提供统一的数据整合,实现业务间数据的共享。基础数据平台实现对基础数据库的统一管理、维护、访问控制,为业务系统提供统一的基础数据访问的接口。

23. 消防基础数据按照公安部五要素数据分类方式组织数据,划分为哪几个类型?

答 (1)"人"类数据;(2)"事"类数据;(3)"物"类数据;(4)"机构"类数据;(5)"地理"类数据。

24. 在消防部队目前应用的一体化业务信息系统中,人员包括现役消防人员、非现役消防人员以及其他消防人员三大类。按照人员类别划分,现役消防人员又分为干部、士兵以及学员这三类。干部、士兵和学员、非现役消防人员数据是分别通过哪个系统来维护的?

答 干部数据通过政治工作管理系统进行维护,士兵和学员数据通过警务管理系统进行维护,非现役消防人员由综合业务平台工作单位与人员管理模块进行维护。

25. 在消防部队目前应用的一体化业务信息系统中,机构数据由机构名称、机构类别、机构代码等属性组成,存储在机构基本信息表中。消防一体化业务信息系统中的机构数据是按照哪几个级别来划分的?

答 按照部局、总队、支队、大队、中队和派出所六类应用级别进行分级。

26. 消防部队一体化软件中用户和账号的关系是怎样的?请画出权限控制模型图。

答 消防部队一体化软件中用户登录平台或各业务系统软件是通过相应的账号实现的,通过身份与管理系统为人员进行账号分配。在基础数据库中,人员与账号分别存储在不同的数据表中。对用户权限的控制实际上是通过对账号权限进行控制来实现的。另一方面,用户和账号数据又分别挂接在所属的机构下。权限控制模型如图1-9所示。

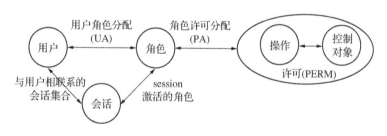

图1-9 RBAC模型

27. 请列举消防部队一体化软件中几个典型的数据流维护。

答 一体化软件中常见的数据流维护有:编制信息维护、工作单位信息维护、干部信息维护、士兵信息维护、账号信息维护。

28. 消防部队一体化业务信息系统中工作单位信息在何地维护？请以总队为例简要说明工作单位信息的维护及信息流转过程。

答 工作单位可以在部局维护也可以在总队维护，以总队为例介绍维护和信息流转过程：

（1）在总队 OSM 系统中录入、修改、撤销工作单位或挂接编制信息；

（2）调用总队 GIS 标准地址服务，将工作单位地址及坐标信息存储在本地 OSM 库中；

（3）实时横向同步至总队基础数据库，如实时同步失败，可通过定时同步补偿，目前设置的定时间隔为 3 min；

（4）总队 OSM 调用部局服务纵向同步增量数据至部局 OSM，每天同步一次；

（5）总队 OSM 调用部局服务每天从部局 OSM 同步一次其他总队的增量工作单位数据；

（6）部局 OSM 实时向部局基础数据库增量写入工作单位数据。

29. 消防部队一体化业务信息系统中干部信息在何地维护？请以支队为例简要说明信息维护、流转过程。

答 干部数据可以在支队、总队、部局维护。干部数据在支队维护、流转过程如下：

（1）维护干部数据，支队实际上与总队使用同一业务数据库和基础数据库，因此支队保存成功后，总队实时可见；

（2）干部数据以 5 min 间隔的定时方式同步至总队 OSM 数据库，总队 OSM 系统实时调用基础数据平台服务向总队基础数据库同步该数据，无论写入 OSM 库还是写入基础数据库失败，此次同步操作视为失败（事务回滚），政工系统的补写机制

每隔 5 min 进行一次补写,直至同步成功;

（3）横向同步成功后,总队调用部局服务增量同步干部数据,每隔 5 min 定时同步一次;

（4）纵向同步成功后,部局政工系统横向同步至部局 OSM 库和部局基础库。

30. 消防部队一体化业务信息系统账号信息在何地维护？请以总队为例简要说明信息流转过程。

答 可以在部局、总队和支队维护,总队账号信息维护、流转过程如下:

（1）在总队 IAM 系统中维护账号;

（2）实时横向同步至总队基础数据库,如实时同步失败,可通过定时同步补偿,目前设置的定时间隔为 10 min;

（3）以间隔为 2 min 的定时同步方式同步至总队 PKI 系统;

（4）总队 IAM 调用部局服务纵向同步增量数据至部局 IAM,时间间隔为 2 min;

（5）部局 IAM 实时向部局基础数据库增量写入账号数据;

（6）部局 IAM 以间隔 2 min 的定时同步方式同步至部局 PKI 系统。

31. 消防部队一体化业务信息系统部署在哪几个网络上,有哪几种部署方式？

答 消防部队业务应用系统主要部署在消防信息网、指挥调度网和互联网上,为了有效利用资源,减少系统维护管理,系统总体上采用两种部署方式,即集中与分布相结合的方式进行部署,根据不同的应用要求,满足用户要求。

32. 消防部队一体化业务信息系统的部署主要依托何种网络,部署结构如何? 消防部队的指挥调度网络主要用来传输何种信息?

答 服务器部署主要依托公安网,由消防信息网和指挥调度网构成,分别形成部局、总队、支队三级网络结构。消防信息网是各级消防部队的日常办公网络,作为消防业务传输网。指挥调度网主要用于部局、总队、支队、大队(中队)等单位的视频会议、远程视频监控、灭火救援指挥调度指令传输等业务,作为消防指挥调度专用传输网。这两个网络之间是逻辑隔离的,相对独立。

33. 消防部队一体化业务信息系统的分级部署模式较为灵活,可以分为独立部署和混合部署两种模式,各总队可根据自身实际情况和条件自行选择部署模式。结合工作现状和常态,简要回答具体如何实现。

答 考虑到支队规模和业务量的差异,在网络稳定性和带宽满足的前提下,规模大的支队独立部署应用系统,规模小的几个支队可集中部署在总队,满足不同支队的业务需要。

34. 一体化消防业务信息系统中各个应用子系统跨网部署依据的原则是什么,有哪几种类型?

答 系统是否需要跨网部署,主要依赖于系统使用的业务需求,这是是否跨网部署的原则。目前,跨网部署主要包括跨公安网和互联网、跨消防信息网和指挥调度网两种情况。

35. 一体化消防业务信息系统中各个应用子系统跨网部署的一种类型是跨公安网和互联网情况,信息是通过何种手段交换的? 对于需要在互联网与公安网系统协同处理的业务,系统如何部署? 社会公众服务平台内外网数据是如何交换的?

答 (1)系统跨公安网和互联网部署时,公安网和互联网之间网络物理隔离，信息交换通过光盘等安全方式进行。

（2）对于在互联网与公安网系统协同处理的业务，必须同时在互联网和公安网部署系统。

（3）信息交换按照社会公众服务平台内外网数据交换格式进行打包、解包，数据包必须通过光盘、公安专用安全 U 盘等安全介质进行中转。

36. 一体化消防业务信息系统中各个应用子系统跨网部署的一种类型是跨消防信息网和指挥调度网情况，通常情况下，消防信息网和指挥调度网分别部署日常办公类软件与指挥调度类软件，当系统跨消防信息网和指挥调度网部署时，在各自网络中，如消防信息网，部局、总队、支队三级系统间可以互相访问，消防信息网和指挥调度网之间的系统一般不允许互相访问，对于个别需要本级跨网应用的特殊服务器，通常应用何种手段来进行跨网部署？

答 通过双网卡或者划分 VLAN 的方式进行跨网部署。跨网部署服务器需指明该服务器以消防信息网为主还是以指挥调度网为主，为主的网络可以纵向访问，非主网络只能访问本级系统。总的原则是不存在既跨网又跨级的服务器。

37. 一体化消防业务信息系统中存在哪些跨网部署的应用系统？

答 一体化消防业务信息系统中，跨公安网和互联网部署的系统有：社会公众服务平台、消防监督管理系统和户籍化管理系统。跨消防信息网和指挥调度网的系统有灭火救援指挥系统和地理信息服务平台、NCC、BCC。其他大部分业务软件都是只部署在消防信息网，如基础数据平台、警务管理系统等。

38．一体化消防业务信息系统中各个应用子系统跨网部署时有哪些注意事项？

答 （1）跨公安网和互联网情况：公安网与互联网间只能通过安全方式进行数据交换，且必须遵循消防内外网数据交互规则及要求。

（2）跨消防信息网和指挥调度网情况：对于跨网时 IP 分配的问题，由于各地的 IP 资源不均衡，采取以下两种方式解决：一是 IP 资源比较充足的总队，如指挥调度网和消防信息网采用了不同的网段，建议跨网服务器采用双网卡的方式进行跨网访问；二是 IP 地址资源不足的总队，两个网使用了同一个 IP 网段，建议采用划分 VLAN 的方式进行跨网调整。

跨网访问服务器只能主网络横向访问，不能纵向跨级访问。

39．城市 119 接处警系统的基础数据基本来源于哪些业务系统？

答 119 接处警系统的人员信息来源于部队管理系统，车辆、装备器材来源于后勤装备管理系统，机构来源于工作单位与人员管理模块。

40．城市 119 接处警系统的软件部分由哪些软件组成？

答 包括指挥中心席位终端软件（文字台、地图台、语音调度台）、大队远程席位终端软件、中队终端软件以及外围系统接口软件。

41．119 接处警系统中转警的范围是什么？

答 （1）其他警种，常见的如 110；（2）相邻的消防指挥中心；（3）本指挥中心其他座席。

42．临机调度是处警员手工调派的模式，包括哪些方面的内容？

答 一是车辆，二是器材，三是编成方案。

43. 灾情处置过程包括第一出动后到灾情结束前的所有工作,这个阶段的工作包括哪些内容?

答 灾情处置包括:灾情续报、调派增援、向上级请求增援、记录火场文书、发送接收文电信息、车辆状态变更、灾情归并。

44. 一键式调度包括哪三种方案?

答 预案调度、等级调派、车辆编成方案。

45. 在消防一体化项目中,三台合一接口的业务流程有哪三种?

答 三台合一接口的业务流程有火警警情信息通报到公安"三台合一接处警系统";110座席将需119处置的警情转给火警受理席系统;火警受理席将110警情或协助请求转给公安"三台合一接处警系统"。

46. 消防运维体系建设总体目标是什么?

答 树立面向消防业务服务的信息系统运维管理理念,建立科学合理的绩效考核指标,由粗放管理向精细管理转变;实行集中统一的信息系统运维管理模式,由分散管理向集中管理转变;建立统一高效灵敏的信息系统运维管理平台,由无序服务向有序服务转变;建立规范标准的信息系统运维管理流程,由职能管理向流程管理转变;应用先进、实用、高效的信息系统运维管理工具,由被动管理向主动管理转变。

47. 一体化消防业务信息系统包括两大平台和五大业务信息系统,两大平台指的是哪两个平台?

答 两大平台指基础数据平台和公共服务平台,是统一的信息整合平台,是统一技术体制、统一标准化体系、统一交换体系、实现信息共享的具体实现。

48. 一体化消防业务信息系统包括两大平台和五大业务信息系统，请问五大业务信息系统是指哪五个系统？

答　五大业务信息系统是指：灭火救援指挥系统、消防监督管理系统、部队管理系统、社会公众服务平台和综合统计分析信息系统，为消防部队各类业务人员开展业务工作提供全面信息支持。

49. 一体化消防业务信息系统中基础数据平台分为哪几部分？

答　基础数据平台包括基础数据库和基础数据平台软件，为整个消防业务信息系统提供一致的基础数据的存储、访问和交换。

50. 一体化消防业务信息系统中公共服务平台包括四个部分，也就是我们统称的四个平台，四个平台具体指哪些？

答　公共服务平台包括消防综合业务平台、服务管理平台、信息交换平台和地理信息服务平台，为各类消防业务信息系统的集成和互联互通提供服务支撑。

51. 基础数据及公共服务平台在消防部队一体化业务信息系统中有什么作用？

答　基础数据及公共服务平台是消防一体化软件建设的核心，为上层各业务应用提供统一的、公共的软件平台支持，通过对界面层、应用层和数据层的集成，实现数据、信息、服务的共享和互联互通，最终达到一体化的应用效果。具体包括消防综合业务平台、基础数据平台、服务管理平台、信息交换平台和地理信息服务平台。

52. 在消防应用中利用 GIS 系统集成的消防业务信息主要有哪些？

答　GIS 系统上集成消防的业务信息主要有消火栓、消防水鹤、消防水池、消防码头、消防机构、重点单位等信息。

53．在消防指挥中心和灭火救援指挥系统设计和建设中，要采取哪几种措施确保报警线路安全可靠？

答 （1）报警路由至少应该有两条，互为迂回；（2）必须有一定数量的备用模拟接警电话，数量可根据指挥中心的规模定；（3）进入指挥中心机房的光纤线路做好保护；（4）做好防雷措施。

54．消防综合业务平台是我们在消防一体化业务信息系统中应用最多的一个系统，消防综合业务平台由哪几部分组成？

答 消防综合业务平台作为消防平台软件的组成部分，包括身份与授权管理子系统、门户集成子系统、办公支撑子系统、档案管理子系统以及电子签名签章子系统。

55．消防综合业务平台中需要用到计算机操作系统，目前流行的操作系统主要有哪些？

答 目前流行的操作系统主要有 Android、BSD、iOS、Linux、Mac OS X、Windows、Windows Phone 和 z/OS 等。

56．Oracle 是消防部队一体化业务信息系统常用的关系型数据库管理系统，也是应用广泛、功能强大的数据库管理系统。Oracle 作为一个通用的数据库管理系统，不仅具有完整的数据管理功能，还是一个分布式数据库系统，支持各种分布式功能，特别是支持 Internet 应用。Oracle 的特点有哪些？

答 （1）开放性：Oracle 能在所有主流平台上运行，完全支持所有的工业标准，采用完全开放策略，可以使客户选择最适合的解决方案，对开发商全力支持。

（2）可伸缩性、并行性：Oracle 平行服务器通过使一组结点共享同一簇中的工作来扩展 Windows NT 的能力，提供高可用性和高伸缩性的簇解决方案。

（3）安全性：Oracle 获得最高认证级别的 ISO 标准认证。

（4）性能：Oracle 性能最高，保持 Windows NT 下的 TPC－D

和 TPC - C 的世界纪录。

(5) 客户端支持及应用模式：Oracle 多层次网络计算，支持多种工业标准，可以用 ODBC、JDBC、OCI 等网络客户连接。

(6) 操作：Oracle 操作较复杂，通过 GUI 和命令行，如同在 Windows NT 和 Unix 下操作简便。

57. Microsoft SQL Server 是消防部队一体化业务信息系统常用的典型关系型数据库管理系统，可以在许多操作系统上运行，它使用 Transact - SQL 语言完成数据操作。由于 Microsoft SQL Server 是开放式的系统，其他系统可以与它进行完好的交互操作。目前消防部队普遍使用的版本为 Microsoft SQL Server 2008，它有哪些特点？

答 SQL Server 2008 具有可靠性、可伸缩性、可用性、可管理性等特点，为用户提供完整的数据库解决方案。

58. Oracle、DB2、SQL Server 三种数据库管理系统在先进性、开放性、稳定性、兼容性、安全性和可扩展性等方面优势较明显。同时，考虑消防部队系统维护人员对数据库管理维护工作的熟悉程度，数据库管理系统在消防部队一体化业务信息系统中有哪些典型应用？

答 (1) 日常业务管理及指挥调度类系统采用 SQL Server 数据库；(2) 数据统计及分析类系统采用 Oracle 数据库。

59. 什么是软件？软件分为哪几种？

答 软件是计算机系统中与硬件相互依存的一部分，包括与计算机系统操作相关的计算机程序、规程、规则以及可能有的文件、文档及数据。程序是软件开发人员根据用户需求开发的、用程序设计语言描述的、适合计算机执行的指令（语句）序列。数据是使程序能够正常操作信息的数据结构。文档是与程序开发、维护和使用有关的图文资料。软件一般分为基础软件、中间件、应用软件。

60. **当支队需要按照部门划分网络，而一个部门的计算机可能分散在不同的楼层，而且不能有一个联网设备连接，此外，部门之间不需要通信，如何实现？**

答 应使用支持 Trunk 功能的交换机，采用 VLAN 方式将不同部门划分成不同的局域网。

61. **消防部队一体化业务信息系统软件开发过程有哪些？**

答 软件开发过程包括立项、需求分析、概要设计、详细设计、编码/单元测试、集成/集成测试、系统测试、第三方测试、试运行、验收测试和闭项。

62. **消防部队研发一体化业务信息系统的意义是什么？**

答 消防部队信息化建设起步较早，但受到以往业务系统建设和研发模式的局限，存在着各种不适应消防业务工作现实需要的问题：一是缺少统一规划设计，如部门各自为政、重复建设现象普遍，系统盲目开发，致使难以整合、扩展，缺少统一平台、用户操作烦琐；二是系统无法互联互通和资源共享，如资源无法共享、"信息孤岛"现象严重，数据质量不高，复用性、可挖掘性不强，缺乏流程控制机制、跨系统信息流转不畅。

消防信息化建设的主要目标是实现消防信息资源高度共享和消防信息系统互联互通。在充分分析之前局限的基础上，经过论证，将一体化的思想引入消防信息化建设，按照"统一领导、统一规划、统一标准"的原则，在一体化总体架构下，建设覆盖各级消防部队、消防各业务领域的一体化消防业务信息系统，以有效破解上述难题，从根本上消除信息孤岛的产生，实现互联互通和信息资源高度共享，有效整合各级消防部队现有的信息资源，提升消防信息化整体水平，为消防监督、灭火救援和部队管理能力的提升提供支撑。

63. 消防综合业务平台中的身份与授权管理子系统有哪些功能？

答 身份与授权管理子系统是为消防所有应用系统提供集中、统一的用户身份管理、身份认证以及授权管理等功能，是其他应用系统的唯一用户数据源。身份与授权管理子系统集中管理所有应用系统的用户信息，其中包括用户身份信息、用户系统级授权信息和用户生命周期信息等，同时它还实现了各应用系统的单点登录功能，是用户访问各应用系统的统一入口（注：同时保留用户直接访问应用系统的通道），并对用户的登录行为和认证行为进行管控。

64. 消防综合业务平台中的门户集成子系统包括哪几个模块，分别有哪些功能？

答 门户集成子系统主要包含用户身份统一认证、待办提醒综合集成、工作流管理以及资源统一发布等四大模块。

用户身份统一认证模块主要用于实现消防工作人员单点登录以及全网漫游的功能。

待办提醒综合集成模块主要用于实现各类待办事项、提醒事项的统一管理功能。

工作流管理模块主要用于提供系统级和用户级的工作流管理功能，系统管理员可在此模块中创建、管理各类业务信息系统中需使用的系统级审批流程信息，用户可在此模块创建、管理个人流转审批事项中需使用的工作流程信息。

资源统一发布模块主要用于提供用户在系统定义的资源库中添加文件的功能，此功能须经管理员确认后才可生效。

65. 消防综合业务平台中的办公支撑子系统包括哪些模块，分别有哪些功能？

答 办公支撑子系统包括公文处理、个人文档、事务管理、在线邮件、法律法规以及外事管理等模块。

公文处理包括各类公文的审批、流转和传阅等功能。

个人文档管理模块提供网络化的个人文档管理功能。

事务管理模块包括个人事务和单位事务两大模块。其中个人事务包括委托管理、日程安排、警官日记、月度小结、批语管理、个性设置、个人通信录和密码修改等模块。单位事务包括通知通告、日常制度和通信录等模块。档案管理功能模块包括档案录入、档案入库、查询统计和档案维护等管理模块（其中管理的档案信息包括公文文书、消防监督、灭火救援、战评、组织建设、思想政治教育、财务会计、执勤岗位、其他等档案信息）。

在线邮件模块提供向本级、上一级、下一级办公服务平台用户进行邮件收发的服务，其中包括邮件收发、邮件组管理等功能。

法律法规模块提供法律法规、案例的管理。

外事管理模块提供来访、出访登记和护照管理功能。

66. 消防综合业务平台的部署方式是怎样的？

答 消防综合业务平台一般采用部局、总队、支队，物理三级部署，具体部署也可以根据各地实际情况确定。

67. 通过对国内、外主流商用地理信息平台的考察与对比，ArcGIS 与 MapInfo 这两款商用 GIS 平台软件无论是从系统的先进性、稳定性、兼容性、可扩展性，还是从消防部队基层官兵对软件操作风格的习惯，以及全国开发人员对平台软件进行二次开发的熟悉程度来看，都有非常突出的优势。但考虑与公安兼容，一体化业务信息系统中选用的地理信息软件是哪一类？请分别说出服务器端、桌面端、GIS 开发定制软件选用哪一类软件？

答 结合公安警用地理信息平台（PGIS）的实际建设情况，消防部队在地理信息软件方面选用 ArcGIS 系列，包括服务器端 ArcGIS Server Enterprise Advanced，桌面端软件 ArcInfo

（含 Data Interoperability、spatial、network、tracking 扩展），GIS 开发定制软件 ArcGIS Engine Develop Kit 和 ArcEngine runtime。

68. 常用的主流报表中间件有哪些？综合统计分析系统使用的是哪种报表中间件？

答 常用的主流报表中间件有润乾报表、水晶报表。综合统计分析系统使用的是润乾报表。

69. 请问润乾报表有哪些特点？

答 润乾报表是一个纯 JAVA 的企业级报表工具，支持对 J2EE 系统的嵌入式部署和无缝集成。服务器端支持各种常见的操作系统，支持各种常见的关系数据库和各类 J2EE 的应用服务器，客户端采用标准纯 html 方式展现，支持 IE 和 Netscape。润乾报表是领先的企业级报表分析软件，它提供了高效的报表设计方案、强大的报表展现能力、灵活的部署机制，支持强关联语义模型，并且具备强有力的填报功能和 OLAP 分析，为企业级数据分析与商业智能提供了高性能、高效率的报表系统解决方案。

70. GIS 的常用地图有哪几种，并简单说明。

答 GIS 的常用地图有影像图、正射图、矢量图。

影像图是一种带有地面遥感影像的地图，是利用航空像片或卫星遥感影像，通过几何纠正、投影变换和比例尺归化，运用一定的地图符号、注记，直接反映制图对象地理特征及空间分布的地图。影像地图是具有影像内容、线划要素、数学基础、图廓整饰的地图。

正射图是一种经过几何纠正（比如使之拥有统一的比例尺）的航摄像片，与没有纠正过的航摄像片不同的是，人们可以使用正射图像量测实际距离，因为它是通过像片纠正后得到的地球表面的真实描述。同传统的地形图相比,正射图像或正射图像图(DOM)具有信息量大、形象直观、易于判读和现实性强等诸多优点,因而常被应用到地理信息系统(GIS)中。网络上的Google 地球就是使用的正射图像。

矢量图使用直线和曲线来描述图形,这些图形的元素是一些点、线、矩形、多边形、圆和弧线等,它们都是通过数学公式计算获得的。例如一幅花的矢量图形实际上是由线段形成外框轮廓,由外框的颜色以及外框所封闭的颜色决定花显示出的颜色。

71. 地理信息服务平台包含哪些内容?

答 地理信息服务平台包括地理信息业务数据库、地理信息空间库、地理信息地图服务、地理信息服务平台软件及支撑。

72. 地理信息服务平台软件包含哪些内容?

答 地理信息服务平台软件包括统一地图展示系统、地理信息服务管理系统、地理信息标准地址管理系统、标准地址关联接口、地理信息应用模板。

73. 地图信息服务平台提供的地图服务包含哪些内容?

答 地图信息服务平台提供的地图服务包括:导航地图要素服务、影像地图要素服务、透明导航地图要素服务、单位地图要素服务、水源地图要素服务、营房地图要素服务、装备地图要素服务、宣传地图要素服务、视频监控点地图要素服务。

74. 简述地理信息服务平台的部署方式。

答 地理信息服务平台的统一地图展示系统和地理信息服务管理系统是部局一级部署,其他系统为部局、总队两级部署。

75. 身份与授权管理子系统由哪些功能模块组成,授权管理主要包括哪些?

答 用户身份管理模块、授权管理模块、日志审计管理模块、系统管理模块。授权管理主要包括应用管理、角色管理、授权管理、授权策略管理。

76. 用户属性管理功能包括哪些？

答 （1）属性信息添加，添加一个信息的属性或者在原有属性上添加新的属性值。

（2）属性信息修改，修改某个属性的信息或者该属性的某个属性值。

（3）属性信息删除，删除一个属性，或者删除某个属性下的一个或者多个属性值。

（4）属性信息查看，查看属性信息，查看属性的属性值。

77. 如何为新入职干部添加账号？

答 （1）政工系统管理员在政工系统录入新入职干部基本情况；

（2）用户管理员登录身份与授权管理子系统，在该干部所属的组织机构下为其创建无重复账号，并授予相应权限。

78. 人员调整后，被调整人员原有账号无法登入，如何解决？

答 用户管理员登入身份与授权管理子系统，在被调整人员所属组织机构内将该用户账号解冻。

79. 当日交接班检查时为何不显示随车器材？

答 （1）车辆器材没有配置上车。

（2）车辆器材配置上车后，没有设置检查项。

80. 如何添加应急联动单位？

答 进入"执勤实力"—"执勤实力数据维护"—"应急联动单位管理"，点击"新增"按钮，在弹出的应急联动单位信息页面中录入应急联动单位信息及获取坐标，带"＊"为必填项，点击"保存"。

81. 如何进行预案的导出？

答 进入"预案管理子系统"—"预案查询"，在预案审批列表中,选中要导出的预案信息,点击"导出 word"按钮,保存附件即可。

82. 收文阅办基本流程是什么?

答 收发员接收新的电子公文或手工输入公文后,进行"登记"操作。在选择第一送达之后,点击"登记发送"完成登记操作。

83. 如何添加工作单位?

答 使用机构管理员账号登录综合业务平台,进入工作单位和人员管理模块,点击工作单位,进入组织机构管理页面;在左侧树形菜单中选择所属机构,即可进入该机构;在右侧点击"添加下级单位"按钮,可弹出工作单位添加界面,带红色"＊"号为必填项;依次填入相关信息后,点击"保存"按钮。其中,有编制的工作单位应挂接对应编制。

84. 把某一个人添加到多个角色中有哪些方式?

答 可通过以下两种方式:

第一种(按角色设置):先选择某角色,然后设置该角色成员。此方式适用于系统本地化设置(刚启用时)。

第二种(按人员设置):先选择某人员,然后设置该人员参与哪些角色。此方式适用于系统后期维护。

85. 如何配置用户在综合业务平台发送每个附件的最大值?

答 进入"系统维护"—"邮件管理"—"附件设置"。选择一个人员,点击设置,弹出设置页面。可以设置默认值(4 096 KB),也可以填写附件大小(在 0 KB 到 9 999 KB 之间)。

86. 如何发送大于 10 MB 少于 200 MB 的文件?

答 进行"个人事务"—"个人文档"—"个人文件夹"—"上传"—"选择文件所在路径",点"上传"—"选中需发送的文档"—

"发送",进入邮件发送界面操作。

87. 安装 Windows Server 2008（标准版或企业版）基本操作系统及驱动程序时应注意哪些事项？

答　安装 Windows Server 2008（标准版或企业版）基本操作系统及驱动程序时,安装系统前先拔掉网线;服务器提供安装启动盘的(如 DELL 公司),用该盘启动安装。

88. Windows Server 2008 操作系统的安装步骤是什么？

答　第一步:安装 Windows Server 2008（标准版或企业版）基本操作系统及驱动程序。

第二步:安装 Windows Server 2008 SP2 补丁,再安装其他新发布的系统补丁及 IE 补丁。

第三步:安装防火墙软件。

第四步:为服务器的 administrator 账号设置密码(并牢记),为服务器设置一个固定的 IP 地址,并设置相应的子网掩码及默认网关。

第五步:设置允许远程桌面连接。

第六步:重新启动服务器,插上网线,检查网络是否畅通。

89. 服务器维护要点有哪些？

答　(1)定期对服务器补丁更新、杀毒软件和防火墙升级。

(2)定期对客户端电脑补丁更新、杀毒软件和防火墙升级。

(3)进行定期备份。

(4)办公系统的程序会不定时进行升级,管理员必须把 D:\\ZHYWPT 文件夹进行备份(拷贝到移动硬盘或刻成光盘)。

90. 如何关闭弹出窗口阻止程序？

答　IE 浏览器默认状态下弹出窗口阻止程序会起作用,这会导致用户登录验证后浏览器立即被关闭,可将综合业务平台站点加入受信任站点或禁用弹出窗口阻止程序。

加入受信任站点操作:打开"IE 浏览器"—"工具"—"安全"—"可信站点"—"站点",将该网站添加到区域中。

禁用弹出窗口阻止程序操作:打开"IE 浏览器"—"工具"—"弹出窗口阻止程序"—"关闭弹出窗口阻止程序"。如 IE 浏览器有安装第三方工具栏(如 Google 工具栏等)也会禁止弹出窗口,则也需要进行禁用。

91. 灭火救援指挥系统包括哪几个子系统,系统使用部门有哪些?

答 灭火救援指挥系统包括消防接处警子系统、跨区域指挥调度子系统、灭火救援业务管理子系统。消防接处警子系统主要是直辖市总队、地级市支队及独立接警大队使用,跨区域指挥调度子系统主要是部局、省(自治区)总队使用,灭火救援业务管理子系统由部局、总队、支队战训部门及执勤中队使用。

92. 执勤实力动态管理模块对基层单位有什么主要作用?

答 实现了基层单位对人员、车辆、装备器材等执勤实力的动态管理,支持中队日常的车辆器材检查,对发现问题的车辆器材进行维修报停,并与装备管理系统紧密衔接。

93. 预案管理子系统的主要作用是什么,预案编制包括哪几种类别?

答 实现消防部队预案管理信息化,对于有效的实施灭火救援行动,实现灭火救援指挥现代化,提高消防队伍处置各类灾害事故的能力具有十分重要的意义。预案编制包括"对象预案编制"和"类型预案编制"。

94. 水源管理子系统的主要作用是什么? 水源统计模块包括哪些功能?

答 实现消防部队水源管理信息化,保证救灾现场用水充足和日常检查维护工作正常进行,为灭火救援指挥提供辅助应用和信息支持,是灭火救援准备工作的一项重要内容。水源管理子系统水源统计模块包括水源分类统计、检查结果统计、维修信息统计。

95. 水源电子手册是辖区各类消防水源的完整档案信息,它包括哪些内容?

答 水源电子手册包括水源地理位置、水源详细信息、水源周边重点单位、水源检查记录、水源维修记录。

96. 业务训练管理模块实现了什么功能?

答 实现了战训部门及执勤中队等上下级间业务训练计划的上报下达,便于战训部门及时掌握下级单位训练计划安排。

97. 战评总结主要有哪些信息?

答 可以利用战评总结模块获取已处置的灾情相关信息,包括数据、音频、视频等信息,系统能自动对信息按照时间顺序进行整理。

98. 火警终端席部署在哪个机构? 终端席接收到调派单之前会先收到什么信息?

答 火警终端席部署在中队。终端席接收到调派单之前会先收到语音预警信息。

99. 手机报警定位采用的是什么方式定位?

答 手机报警定位采用基站定位方式,它是通过电信移动运营商的网络(如 GSM 网)获取移动终端用户的位置信息(经纬度坐标),在电子地图平台的支持下,为用户提供相应服务的一种增值业务,例如目前中国移动动感地带提供的动感位置查询服务等。

100. 当支队级力量不足时,应向总队发起什么信息,通过哪种方式进行?

答 当支队级力量不足时,应向总队发起增援请求,可通过支队接处警系统向总队发送增援请求,总队可通过跨区域调度指挥系统接收支队增援请求。

101. 中队可修改执勤车辆哪些状态?支队接处警系统中可修改执勤车辆哪些状态?出警归队后应将车辆状态修改为什么状态,由哪一级操作?

答 中队可修改执勤车辆状态为出动、到场、出水、停水、返队。支队接处警系统可修改执勤车辆状态为待命、维修、试车、训练、验收、故障、公务、保养、加油、修理、未用、恢复执勤。出警归队后应将车辆状态修改为待命,由支队操作。

102. 在消防一体化项目中,固话三字段信息获取的方式有哪几种?

答 固话三字段信息获取的方式有一打一查、一打一送、拷库三种方式。

103. 中队接到预警信号或者是接到调派单时,系统会自动控制哪些联动装置?

答 中队接到预警信号或者是接到调派单时,系统会自动控制警灯、警铃、广播、车库门等联动装置。

104. 指挥中心机房接地有哪些方法?

答 指挥中心机房接地按用途可分为工作接地和保护接地。如果工作接地和保护接地分地接法,接地电阻的安全范围不大于 $3\ \Omega$;如果工作接地和保护接地合一接法,接地电阻的安全范围不大于 $0.5\ \Omega$。

105. 下列哪些问题是指挥中心接地特别要注意的?

答 (1)严禁使用已有的避雷地线;(2)严禁使用大楼共用电气地线和电网提供的地线;(3)严禁用金属管道(如水管、取暖管等)做地线。

第二章
音视频系统与应急通信管理

第一节　音视频系统的操作

1. MCU 服务器无法正常登录，如何排除故障？

答　首先检测登录的 MCU 服务器地址、用户名和账号是否正确，然后通过指挥视频终端的管理工具中的网络测试功能对 MCU 服务器进行 Ping 操作，如果网络不通，检测终端或者 MCU 服务器是否开启或网络连接是否正常。

如果网络正常，则用 PC 机在命令提示符下进行 telnet 操作，命令格式为：telnet IP 端口号（4222），如 telnet 10.2.2.198 4222，如果弹出一个没有任何提示的黑屏则服务端口正常，请检查终端版本相关信息，如果提示连接失败，则 MCU 服务器服务模块没有启动，请重新启动 MCU 服务器再进行测试。如果还是不能正常登录，请向设备供应商报修。

2. 指挥视频终端开机后如何设置终端 IP 地址？

答　开机进入开机界面后，点击"网络设置"可以对终端 IP 地址进行设置。点击"确定"保存地址参数。具体如图 2-1 所示。

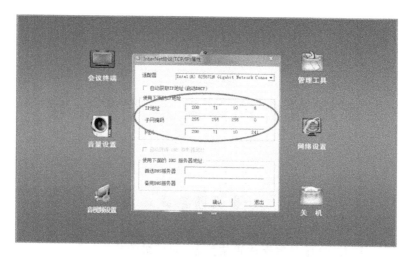

图 2 - 1　设置终端 IP 地址

3. 指挥视频终端开机后如何登录会议？

答　设置好终端 IP 地址后，使用无线键盘，通过单击"会议终端"按钮呼叫 MCU，系统会弹出一个登录窗口，设置服务器 IP 地址、账号名、密码，设置完成后点击登录按钮。

4. 图像资源目录树无法正常上传和迁移，如何排除故障？

答　图像资源目录树无法正常上传的原因可能是由于在建立设备和用户账号时，出现了乱字符或者不规范的字符，请在建立图像资源目录树、设备账号、用户账号时严格按照部局的相关规定进行设置。

下级图像资源目录树上传后，有些设备不能正常地迁移到相应的区域，请检测这些设备账号的后缀域名是否属于下级平台的域名。

5．指挥视频终端在图像资源目录树上无法正常显示，如何排除故障？

答　指挥视频终端只有设置了设备账号后，才会在图像资源目录树上显示出来。设备账号的设置方法为：

（1）点击右上角"选项"按钮，在弹出的窗口中点击"设备终端"；

（2）在"设备终端"窗口中填写设备账号和密码；

（3）点击"登录设备终端"，终端提示设备上线成功；

（4）第一次登录 MCU 后，登录账号和设备账号会自动保存，下次登录不用重新填写；

（5）一个终端绑定一个设备账号，不可以重复登录。

6．3G 车载图传终端开机后如何设置服务器地址、用户设备账号及密码？

答　终端第一次使用，需要在系统中设置服务器地址及用户账户密码等信息。单击界面上的"设置"选项，弹出设置对话框。

在设置对话框中选择"账号"选项卡，填写服务器地址、用户设备账号及密码。

地址：填写各总队 3G 服务平台地址，比如：10.172.148.56；端口：默认 4222，不可更改；用户账号：sxzd3g；用户密码：123；设备账号：sxzd3g；设备密码：123；设备名称：＊＊总队＊＊支队 3G 终端。

7．3G 车载图传终端开机后如何设置视频参数？

答　首次登录终端时，需要对本地采集的视频设备进行设置，以保证 3G 图像采集的效果。点击终端界面上的"设置"按钮，选择"视频"对本地视频参数设置。

8. 3G 单兵接入图像综合管理平台有哪几种方式？

答 3G 单兵接入图像综合管理平台后，存在两种接入模式，一种是设备模式，一种是会议模式。

设备模式接入的只能接收音视频和语音对讲，会议模式接入的可以实现双向音视频交互。

9. 指挥视频终端通过图像资源树选择与 3G 单兵对讲失败，如何排除故障？

答 3G 单兵在设备模式下只支持一路对讲，有可能是网络传输原因造成上次没有正常释放对讲，也有可能是其他用户在与其对讲，重启 3G 单兵图传设备。

10. 与 3G 终端无法组会或接收不到图像，如何排除故障？

答 请确认本总队图像综合管理平台是否完成与本总队 3G 图像管理平台对接，如果没有完成，则无法用组会的方式，只能使用语音对讲方式。

如果完成对接后指挥视频可以接收到 3G 终端图像，3G 终端无法接收到指挥视频的图像，请确认该会议中"会议网关"身份的终端用户是否已启用，如果有该用户，请检查"3G 手机合成视频通道"设置中摄像机一栏的屏幕选择是否正确，并检查该屏是否接收到了需要转发给 3G 终端的音视频信号、该屏中图像资源是否广播。

11. 3G 单兵拨号失败，如何排除故障？

答 如果只是个别 3G 单兵拨号失败，那么原因可能是现场环境没有 3G 基站信号或者信号非常弱，可以通过查看 3G 单兵的信号并换个环境进行测试。如果是全总队都拨不上号，一是有可能总队 LNS 路由器故障，重启 LNS 路由器试试；二是可能电信链路故障，需向当地省电信公司报障。

12. 3G单兵拨号成功,但显示登录失败,如何排除故障?

答 先进行网络测试,使3G单兵终端Ping电信3G图像管理平台的IP地址,如果不成功则是链路或者电信3G图像管理平台故障,如果成功则查看电信3G图像管理平台内的相关服务是否正常。

13. 3G单兵显示登录成功,但在图像资源树上无法上线或者接收不到音视频,如何排除故障?

答 如果在电信3G图像管理平台上查看3G单兵正常,则此问题是由于图像综合管理平台与电信3G图像管理平台连接故障。如果在电信3G图像管理平台上查看3G单兵图像不正常,则需检查本地音视频信号及单兵设备。

14. 消防电视电话会议系统互联互通的方式有哪几种?

答 全国消防部队视频会议系统共分为三级:消防一级网、二级网、三级网。三级网络均运行于指挥调度网上,根据各总队及所属支队视频会议系统建设具体情况,互联互通可分为以下两种方式:第一种是采用数字接入方式,第二种是采用模拟接入方式。

15. 消防指挥视频系统的作用是什么?

答 指挥视频图像系统依托于指挥调度网搭建,由各级指挥中心的指挥视频终端与MCU服务器构成,采用H.264技术体制,从部局到基层大中队共分为四级,部局至总队、总队至支队均采用MCU级联方式,大中队只部署终端。

16. 日常办公协作平台系统的账号如何获取,有哪些应用?

答 日常办公协作平台系统的用户账号等基本数据,通过总队公安网的基础数据库平台,进行下载同步获取。公安网内的桌面用户通过安装客户端软件,利用消防综合业务平台账号登录系统,实现日常业务交流、远程协作办公、远程业务培训、可视化部队管理、可视化指挥调度等应用。

17. 语音综合管理平台设备（图 2－2）主要由什么组成？

图 2－2　语音综合管理平台设备

答　IOC－1200 由电源模块、主机调度模块、控制模块、无线模块、电话模块等五部分组成。语音综合管理平台可以接入短波电台、350 M 常规电台、集群电台、会议系统、IP 电话、公网电话等通信设备，具体可以根据实际情况接入。

18. 语音综合管理平台有哪些特点？

答　语音综合管理平台可实现有、无线语音互联互通，具有智能语音处理功能；采用模块化设计，支持热插拔；支持灵活分组，实现快速调度；支持多平台互联；具备图形化智能调度功能。

19. 语音综合管理平台电源模块（图 2－3）由哪些部分组成？

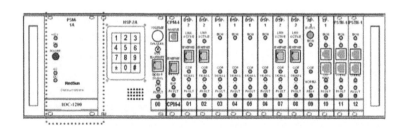

图 2－3　电源模块

答　图中虚线圈定的部分就是 IOC－1200 的电源模块，支持 220 V 交流供电。当接入 220 V 电源时，面板的"AC"指示灯就会亮,按下电源开关后"12 V"的指示灯就会亮,这表明设备已经正常供电了。

20. 语音综合管理平台主机调度模块(图 2-4)由哪些部分组成,有什么功能?

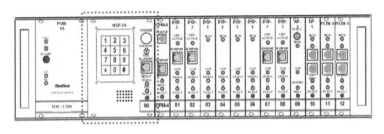

图 2-4　主机调度模块

答　主机调度模块由 3×4 键盘、扬声器、主机手柄组成。手柄可以作为语音综合管理平台的 0 路模块,使用键盘实现模块互联,用手柄可以讲话,用内置音箱听其他模块的声音。

21. 语音综合管理平台控制模块(图 2-5)在主机什么位置,有什么功能?

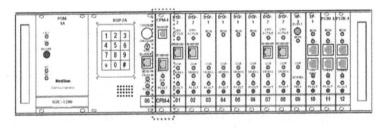

图 2-5　控制模块

答　图 2-5 中虚线圈定的部分就是 IOC-1200 的控制模块(CPM-4)。CPM-4 作为系统的控制模块,可以实现对所有模块进行配置和管理。

22. 语音综合管理平台无线模块(图2-6)有什么功能？

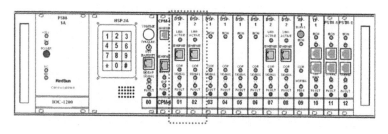

图 2-6 无线模块

答 无线模块可以通过后面板的串口连接350 M电台、会议系统等语音制式,实现本地各种语音通信网络互通。无线模块还可以通过前面板的网口接入到网络实现平台之间的互联。

23. 语音综合管理平台电话模块(图2-7)可以实现哪几种用户电话网的接入？

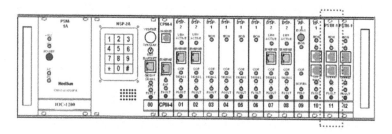

图 2-7 电话模块

答 电话模块可以实现各种用户电话网的接入,比如内线电话、公网电话、IP电话和卫星电话等。

24. 语音综合管理平台设备连线的主要顺序是什么？

答 按照部局的要求,对语音平台的接入顺序做了规定,具体如表2-1所示。

表 2 - 1　语音平台接入顺序

板卡号	板卡类型	连接设备
00	手柄模块（HSP）	主机自带手柄
01	本地无线接口模块（DSP - 2）	短波电台
02	本地无线接口模块（DSP - 2）	350M 常规电台
03	本地无线接口模块（DSP - 2）	集群电台
04	本地无线接口模块（DSP - 2）	会议系统调音台
05	IP 话路模块（DSP - 2）	消防指挥调度网
06	IP 话路模块（DSP - 2）	消防指挥调度网
07	IP 话路模块（DSP - 2）	消防指挥调度网
08	IP 话路模块（DSP - 2）	消防指挥调度网
09	环路中继接口模块（PSTN）	CTI 排队机
10	环路中继接口模块（PSTN）	CTI 排队机
11	环路中继接口模块（PSTN）	电话交换机
12	环路中继接口模块（PSTN）	VOIP 电话网关

25. 语音综合管理平台 CPM - 4 连接模块如何配置？

答　CPM - 4 模块拥有一个网口和一个 DB - 9 的串口，网口在前面板，串口在后面板。一般情况，常用网口设定参数，在此以网口为例，详细讲解参数的设定（串口设定的参数完全相同）。

通过交叉网线（设备中自带的红色网线）把需要设定的 CPM - 4 模块与计算机连接起来。CPM - 4 模块的默认 IP 为 192.168.1.200，子网掩码为 255.255.255.0，把计算机的 IP 与 CPM - 4 设为同一网段，如 192.168.1.100。如果需要查看模块的 IP 地址，可以用"IPsetup" 软件进行查看。

26．语音综合管理平台 DSP－2 连接模块如何配置？

答 DSP－2 模块的参数设定接口为前面板的网口。通过交叉网线（设备中自带的红色网线）把需要设定的 DSP－2 模块与计算机连接起来。DSP－2 模块的默认 IP 为 192.168.1.200，子网掩码为 255.255.255.0，把计算机的 IP 与 DSP－2 设为同一网段，如 192.168.1.100。如果需要查看模块的 IP 地址，可以双击"IPsetup"软件进行查看。

27．语音综合管理平台用于接入网络的参数是什么？

答 语音综合管理平台用于接入网络的模块参数需要修改的信息有 IP 地址、子网掩码、网关、DSP－2 模式等，如图 2－8 所示。

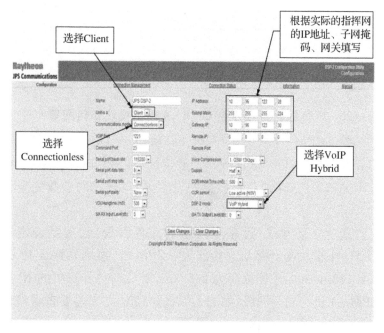

图 2－8 接入网络的 DSP－2 参数设定

28. 语音综合管理平台如何添加设备？

答 在设备管理界面点击"增加"，弹出添加设备窗口。

设备 ID：系统随机自动生成，无法更改。

设备名称：通常为设备机构名称加设备型号，可以修改。

设备简称：通常为设备机构简称加设备型号，可以修改。

所属机构：点击所属设备后面的"查"图标，弹出查询组织机构对话框，在机构名称后填写设备所属单位，如"江苏"，点击查找，选择设备所属的单位。

IP 地址及端口：设备的 IP 地址及端口号。

设备类型：选择设备类型，类型分为 IOC－1200、IOC－5000。

互联网板卡：如果设备类型为 IOC－1200、IOC－5000，需要添加"互联网板卡"，选择互联网板卡的"槽位号"，并填写"IP 地址"和"端口"，点击"添加"，可以添加多个。

所有设定完成后，点击"保存"，完成配置。

29. 日常办公协作平台系统是如何部署的？

答 日常办公协作平台系统在总队单独部署一台 MCU 服务器，通过双网口分别接入公安网和指挥网。通过 MCU 服务器的策略路由功能，实现 MCU 服务器既可访问公安网，又可访问指挥网，而公安网和指挥网之间不能相互访问，保证了网络的安全。同时，总队日常办公协作平台与总队图像综合管理平台通过协议实现互联互通。支队日常办公协作平台系统 MCU 服务器与支队图像综合管理平台的 MCU 服务器共用同一台设备。MCU 服务器同样分别接入公安网和指挥网，并在 MCU 服务器上部署图像综合管理系统和日常办公协作平台系统，两套系统在逻辑上独立运行，分别和各自的上级平台级联。

30. 各类图像子系统接入图像综合管理平台的方式有哪些？

答　各类图像子系统接入图像综合管理平台分为数字接入和模拟接入两类，其中数字接入方式又分为协议接入、SDK 开发接入和合作开发接入三种方式，模拟接入分为直接接入、背靠背接入和转换后接入三种方式。

图像综合管理平台内分发的音视频信号都是数字信号，所谓的数字接入方式和模拟接入方式是指信号源到各级指挥中心或者设备机房时的状态。如果信号源到指挥中心或设备机房是通过网络方式传输的，那么就属于数字信号；如果信号源是模拟的或者需要二次编解码再接入的，那么就属于模拟信号。

图像综合管理平台接入的平台和图像子系统共有八大项、十个子项，分别为指挥视频、电视电话会议系统、远程视频监控、卫星视频、3G 视频、互联网视频、本地视频、语音综合管理平台、灭火救援指挥系统、日常办公协作平台。这些平台和图像子系统采用的接入方式有数字、模拟和混合三种方式，具体如图 2-9 所示。

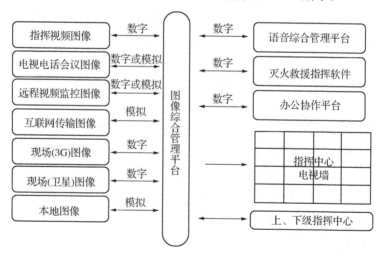

图 2-9　平台和图像子系统接入图像综合管理平台的方式

31. 指挥视频接入图像综合管理平台的方法是什么？

答 指挥视频系统主要实现部局、总队、支队指挥中心、大(中)队值班室的指挥调度、远程会商以及与其他系统对接后的音视频互动，采用数字接入方式，指挥视频终端部署在指挥调度网，必须与关键设备同品牌、同技术体制。

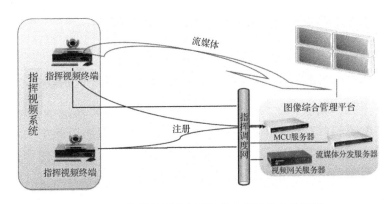

图 2 - 10　指挥视频接入图像综合管理平台示意图

指挥视频终端可以直接注册到图像综合管理平台的 MCU 服务器，能将音视频流媒体发送到图像综合管理平台供其他系统和平台调用转发，如图 2 - 10 所示。

32. 电视电话会议系统接入图像综合管理平台的方法是什么？

答 电视电话会议系统有两种接入方法，一种是采用数字接入方式，即采用 H.323 协议进行接入，如图 2 - 11 所示。这种对接方式的前提条件是电视电话会议系统必须部署在指挥调度网，系统符合兼容性要求，且通信协议符合 ITU - H.323v4、SIP，视频编解码协议为 H.264 和 H.263，音频编解码协议为 G.711、G.722 和 G.729 等。视频会议网关能够同时加入到原电视电话会议系统的 MCU 和图像综合管理平台的 MCU 服务器，通过视频会议网关实现系统与平台的双向音视频交互。

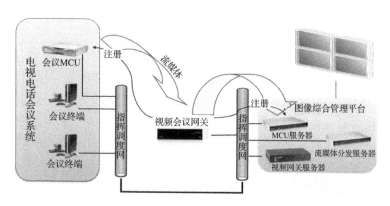

图 2-11　电视电话会议系统接入图像综合管理平台示意图（数字接入方式）

　　电视电话会议第二种接入方法是采用模拟方式接入，即通常所说的背靠背接入，如图 2-12 所示。这种接入方式主要是受音视频线缆长度所限，一般要求电视电话会议终端和指挥视频终端在同一房间，两种终端接口互相兼容。这种接入可以通过音视频矩阵、调音台等设备接入，也可以直接使用音视频线交叉互连实现接入。

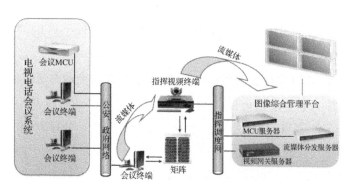

图 2-12　电视电话会议系统接入图像综合管理平台示意图（模拟接入方式）

　　电视电话会议系统的两种接入方式各有优缺点。如表 2-2 所示，对两种接入方式进行了对比。采用数字接入方式主要是对网络有要求，但是转换的效果和灵活度较好；模拟接入方式主要是受音视频线长度所限,而且操作比较困难,但其对网络没有接入限制。

表 2 - 2   电视电话会议系统的两种接入方式对比

序号	对比项目	视频会议网关	背靠背终端
1	网络条件	网关可以同时访问两个系统 MCU	网络物理隔断
2	协议限制	标准 H.323 会议系统	无
3	会议控制（视频切换）	较方便	需要操作矩阵,容易造成音频环路
4	二次编解码	无	有
5	二次转换质量	无损	有损
6	视频通透速度	快	慢
7	设备成本	低(一台会议网关设备)	高(两台终端设备)

33. 远程视频监控系统接入图像综合管理平台的方法是什么?

答   远程视频监控系统有两种接入方法,一种是采用数字接入方式,即采用 SDK 开发后接入,如图 2 - 13 所示。这种对接方式的前提条件是远程视频监控系统必须部署在指挥调度网,系统符合兼容性要求,且通信协议视频编解码协议为 H.264,音频编解码协议为 G.711、G.722 和 G.729 等,不在兼容性列表中的设备必须提供二次开发包。

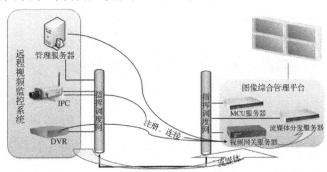

图 2 - 13   远程视频监控系统接入图像综合管理平台示意图(数字接入方式)

　　视频网关服务器负责将原有监控设备或平台注册到图像综合管理平台,由视频网关服务器将监控图像发送到流媒体分发服务器,供各类系统和平台调用转发。

　　如果远程视频监控系统没有部署在指挥调度网或者不符合兼容性要求,可以采用模拟接入方式。如果远程监控图像到指挥中心或者设备机房为视频线,则可通过增加符合兼容性要求的监控编码器进行接入;如果远程监控图像为客户端方式,则可以将客户端电脑的 VGA 输出采用双流方式接入指挥视频终端。

　　34. 卫星图像系统接入图像综合管理平台的方法是什么?

　　答　卫星图像系统接入主要采用数字接入方式,如图2-14所示。卫星视频终端部署在卫星网,并且卫星网与指挥调度网打通,卫星视频终端与关键设备同品牌、同技术体制。这种接入方法与指挥视频终端接入相同,只是卫星视频终端部署在卫星网上。

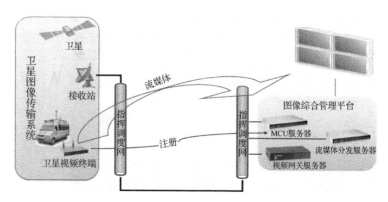

图 2-14　卫星图像系统接入图像综合管理平台示意图

　　35. 3G 图像系统接入图像综合管理平台的方法是什么?

　　答　3G 图像系统接入主要采用数字接入方式,如图 2-15

所示,通过安全网闸和 VPDN 加密方式,将 3G 终端接入到 3G 图像管理平台,3G 图像管理平台与图像综合管理平台进行对接,实现 3G 图像系统的接入。

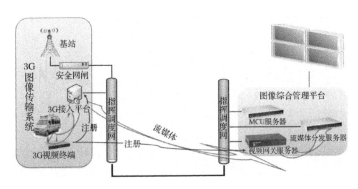

图 2-15　3G 图像系统接入图像综合管理平台示意图

36. 互联网图像接入图像综合管理平台的方法是什么?

答　互联网图像的传输主要是解决领导、专家在外出条件下调用图像综合管理平台的图像资源,实现远程会商、指挥决策等。由于安全方面的原因,互联网与指挥调度网必须物理隔离,因此在互联网上架设一台 MCU 和一台指挥视频终端,与指挥网指挥视频终端进行背靠背交叉互联,如图 2-16 所示。

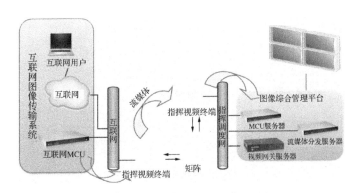

图 2-16　互联网图像接入图像综合管理平台示意图

37．本地图像接入图像综合管理平台的方法是什么？

答 本地图像主要有指挥中心的摄像机、有线电视、接处警电脑、影碟机等，这些设备可以采用直接和接入音视频矩阵切换进入指挥视频终端的方式，接入到图像综合管理平台，如图 2 - 17 所示。

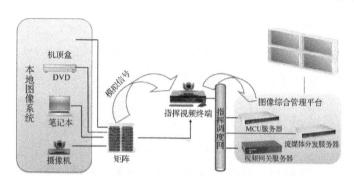

图 2 - 17 本地图像接入图像综合管理平台示意图

38．语音系统接入图像综合管理平台的方法是什么？

答 图像综合管理平台通过 SIP 协议（会话发起协议）与各类语音系统、设备进行双向语音交互，但是相关 SIP 协议的网守必须部署在指挥调度网上，且语音平台、语音网关和视频会议网关必须注册到相同的或者相级联 SIP 网守内，如图 2 - 18 所示。

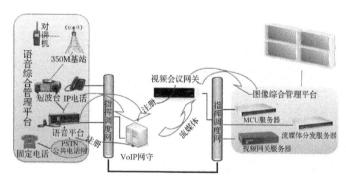

图 2 - 18 语音系统接入图像综合管理平台示意图

这种接入方法主要是通过视频会议网关的转发进行，视频会议网关既能注册到 SIP 网守，又能注册到图像综合管理平台。

39. 灭火救援系统接入图像综合管理平台的方法是什么？

答 图像综合管理平台与灭火救援系统对接的前提条件是灭火救援指挥系统接警席位电脑部署在指挥调度网，并且安装了图像综合管理平台的接口控件，双方数据库信息完成了同步，如图 2 - 19 所示。

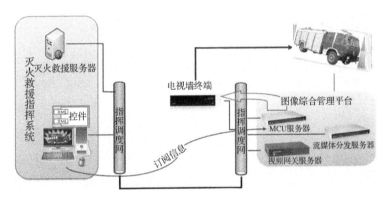

图 2 - 19 灭火救援系统接入图像综合管理平台示意图

灭火救援指挥系统的对接实现的几大功能主要有：

（1）通过管理 PC 上访问公安网 WEB 页面，即能对下级单位进行视频点名功能；

（2）119 接处警系统在向大（中）队下达出警指令时，支队指挥中心大屏幕上能够自动将该出警大（中）队营区监控图像显示在指挥中心大屏幕上；

（3）通过视频指挥调度台软件，能够将指定图像源接收到大屏幕上；

（4）在 GIS 地图台上，能够通过点击部署在视频图层上的点调用各单位的营区监控点图像，对于移动视频源（卫星动中通、车载 3G 等），可以动态展现车辆的移动轨迹，并能调用移动的图像。

40. 日常办公协作平台接入图像综合管理平台的方法是什么？

答 日常办公协作平台与图像综合管理平台的对接为公安网的主要业务系统提供图像资源的访问手段，主要是通过在公安网部署一台 MCU 服务器，该 MCU 服务器通过双网络方式连接到指挥调度网，与图像综合管理平台进行对接，如图 2-20 所示。

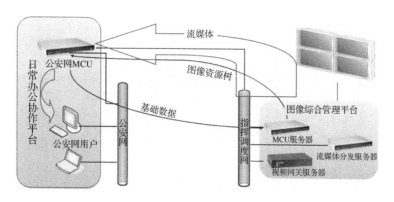

图 2-20 日常办公协作平台接入图像综合管理平台示意图

图像综合管理平台通过日常办公协作平台 MCU 从公安网获取基础数据库数据信息，公安网用户也可以通过日常办公协作平台 MCU 服务器从图像综合管理平台获取音视频信息。

41. 如何进行图像综合管理平台数据库的升级、备份与还原管理？

答 菜单点击"数据库管理"，升级数据库脚本，选择文件，点击"浏览"中选择升级数据库脚本文件，点击"确定"。

数据库脚本备份，点击"数据库备份"按钮，生成数据库脚本文件，可以还原数据库/下载。注意：数据库备份前，先停止

HPCENTER 服务,保证无程序操作数据库。

还原数据库备份,数据库备份/还原表中点击"还原数据库"按钮,还原此次备份的数据库。注意:数据库备份还原前,先停止 HPCENTER 服务,保证无程序操作数据库。

42．指挥视频终端与卫星、3G 终端组会时需注意哪些事项?

答　由于卫星网络和 3G 网络的特殊性,在指挥视频终端与卫星、3G 终端进行组会时,要进行相应的设置和操作,才能达到较好的效果。

43．总队与 3G 终端组会时需注意哪些事项?

答　只有建设了图像综合管理平台并且完成与本级 3G 图像管理平台对接的总队,才能与 3G 终端进行组会。

3G 终端接收到的音视频是"会议网关"终端合成的音视频信号。"会议网关"终端进入会议后,会多出一个"会议网关合成视频通道",右键点击可以进行设置。其中摄像机选项中,是选择 3G 终端要接收到的合成屏图像,四个分屏只能选择一个,分辨率指的是 3G 终端接收到的图像分辨率等,如图 2－21 所示。

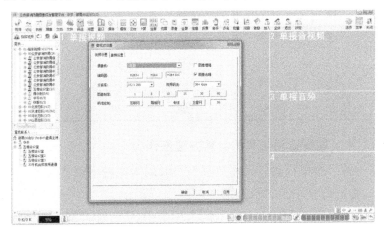

图 2－21　会议网关合成视频通道

44. 与卫星终端组会时需注意哪些事项？

答 消防部队租用的卫星最大下行带宽只有 8 M，一般每台卫星车上、下行带宽均为 2 M 左右。所以，当有多台卫星车在同一个会议中时，要特别注意不能同时广播过多的音视频。

卫星视频终端将要"选项"—"常规"中的"启用视频子码流"勾选去掉，以防远端用户接收视频子码流造成额外的带宽开销。同时，在上方功能按钮中可以将码流设为"低码流"，减少下行带宽的耗用。

假设卫星下行带宽为 2 M，广播路数与卫星车数量对应可以参照表 2-3。

表 2-3 广播路数与卫星车数量对应表

广播路数	分辨率	码流	帧率	卫星车数量
1 路	352 * 288	128	15	≤15
2 路	352 * 288	128	15	≤7
3 路	352 * 288	128	15	≤5
4 路	352 * 288	128	15	≤3
1 路	704 * 576	384	15	≤4
2 路	704 * 576	384	15	≤2
3 路	704 * 576	384	15	≤1
1 路	1280 * 720	768	30	≤2
2 路	1280 * 720	768	30	≤1

45. 图像占用带宽的计算方法是什么？

答 这里只讨论采用单播模式时的图像占用带宽的计算方法，组播方式不在讨论范围之内。

假设一级 MCU，有 10 个用户，广播了一路 1 M 码流大小的图像，那么 MCU 的上行带宽耗用为 1 M（广播的用户），下行

带宽耗用为 $1 M×(10-1)=9 M$,广播的图像用户不会从 MCU 接收自己的图像。如果 10 个用户广播了两路 1 M 码流大小的图像,那么 MCU 的上行带宽耗用为 2 M,下行带宽耗用为 $2 M×(10-2)+1 M×2=18 M$。

假设系统由两级 MCU 组成,第一级平台有 5 个用户,第二级平台有 2 个下级平台,每个下级平台各有 5 个用户。如果上级平台广播了一路 1 M 码流大小的图像,那么上级 MCU 的上行带宽耗用为 1 M,下行带宽耗用为 $1 M×(5-1+2)=6 M$;下级平台上行带宽为 1 M,下行带宽为 $1 M×5=5 M$。

如果上级平台广播了两路 1 M 码流大小的图像,那么上级 MCU 的上行带宽耗用为 2 M,下行带宽耗用为 $2 M×(5-2+2)+1 M×2=12 M$;下级平台上行带宽为 2 M,下行带宽为 $2 M×5=10 M$。

46. 什么是电视电话会议系统?

答 电视电话会议系统也称为"视频会议系统"(Video Conference System),是通过音、视频压缩和多媒体通信技术实现的,支持人们远距离进行实时信息交流与共享、开展协同工作的应用系统。视频会议系统包括软件视频会议系统和硬件视频会议系统。

47. 视频会议经历了哪几个发展阶段?

答 第一阶段,20 世纪 60 年代至 80 年代的模拟技术视频会议。

第二阶段,20 世纪 90 年代初至 1995 年基于 ISDN(综合业务数字网)的数字视频会议。

第三阶段,1995 年后基于 IP 网的数字视频会议。

48. 视频会议系统的类型有哪几种?

答 (1) 根据会议节点数目划分,可分为点对点视频会议系统和多点视频会议系统。

（2）根据运行的通信网络划分，可分为 DDN（Digital Data Network，数字数据网）或其他专用网型、局域网/广域网型（LAN/WAN）和公共交换电话网型（Public Switched Telephone Network，PSTN）三种。

（3）根据技术支持类型划分，可分为基于线路的视频会议系统和基于分组的视频会议系统。

（4）根据所选用的终端类型划分，可分为桌面视频会议系统（Desktop Video Conference）、会议室型视频会议系统（Room/Roll-about Video Conference）和可视电话系统。

49. 视频会议系统用到哪些协议和技术？

答（1）高速多媒体通信网络及多媒体传输协议；

（2）多媒体数据压缩编码技术；

（3）视频分层编码与传输技术（媒体缩放）；

（4）群组通信；

（5）同步机制；

（6）差错控制技术和流量控制技术。

50. 视频会议系统的主要组成部分是什么？

答（1）MCU，即多点控制单元，是视频会议系统的控制核心，其作用类似于交换机，它的主要功能是对视频、语音及数据信号进行切换。当参加会议的终端数量多于 2 个时，必须通过 MCU 来进行交换和控制。

（2）会议终端，同时具有编解码功能，会议终端设备是视频会议系统的输入和输出设备。

（3）传输网络，要组成一个完整的视频会议系统必须经过传输网络把会议终端和 MCU 连接起来，利用它来传送活动或静态图像信号、语音信号、数据信号以及系统控制信号。

51. 视频会议系统的主要功能是什么？

答 视频会议系统的主要功能包括：视频交互、音频交互、电子白板、文档共享、屏幕共享、远程控制、远程协助、文字交流、媒体共享、资料分发、会议录制等。

52. 图像综合管理平台中电子白板的主要作用是什么？

答 电子白板是可以在白板区域自由绘制、书写信息，并支持多人同时操作，每个共享实体对应于一个多媒体窗口，可方便灵活的使用荧光笔和激光笔等增强工具进行标注，在其上所做的任何改变都会在所有与会结点的相应窗口上显示出来。同时，为区分不同与会者所做的操作和标注，可采用不同的标记予以区分，通常采用颜色进行区分。

53. 图像综合管理平台中桌面共享的主要作用是什么？

答 会议控制人可将桌面操作情况和应用操作步骤共享给全体与会者，便于协同工作和应用培训；通过切换操作权，用户可将自己桌面的操作权交由其他远程用户进行远程控制。

54. 图像综合管理平台中文件共享的主要作用是什么？

答 支持普通的文档共享和基于浏览器的文件共享；可将普通文档放到白板页上共享，供所有与会者观看，支持多人同时进行标注、勾画等操作；也可将 IE 支持的多种格式文件和音、视频文件共享；支持同时共享多个文档。

55. 图像综合管理平台中文字交流的主要作用是什么？

答 与会者既可以进行对所有人的公开文字交流，也可发起与指定与会者之间的点对点私密交流。

56. 图像综合管理平台中会议管理的主要作用是什么？

答 一般情况下会议都是由会议中的管理者来进行会场的管理。若服务器支持监控转接服务，系统管理员可设置监控相关功能;在会议进行时主席用户可将监控点的用户视频接入会议室;监控用户没有普通用户的其他会议权限。系统可对与会者的用户信息进行备份与恢复。

57. 图像综合管理平台中多媒体文档的自动生成和管理的主要作用是什么?

答 会议过程会形成大量的多种媒体形式的文档,且它们的内容互相关联,而不仅仅是 movie 型文档。视频会议应能自动生成多媒体文档,并按照它们内容之间的关系组织起来。多种媒体形式文档之间的关系较为复杂,需要采用有效的基于内容的多媒体数据管理技术,如超媒体技术等,来进行文档的自动生成和管理。会议文档中应包括会议议题、与会人员情况、会议过程中各个媒体数据以及它们之间的链接关系,比如发言者应与他的讲话的音频数据以及白板的相应内容之间建立链接关系。

58. 视频编码分为哪几类标准?

答 (1) H.261;(2) H.263;(3) H.264;(4) MPEG-1;(5) MPEG-2;(6) MPEG-4。

59. H.261 和 H.263 标准是什么?

答 H.261 是视频会议系统中最为常见的视频压缩编码协议,该协议制定于 1990 年,常被称为 $P \times 64$。H.263 在 H.261 的基础上,除输入图像格式选项上有所增加外,还对视频编码器做出了部分改进。

H.261 和 H.263 主要对图像的亮度(Y)和两个色差信号 (Cb,Cr)分别进行编码,其中 Cb 和 Cr 信号矩阵是 Y 信号矩阵的 1/4。它们支持的输入图像源的格式如表 2-4 所示。H.261 与 H.263 编码器结构相似。

表 2-4　H.261 与 H.263 支持的图像格式

分辨率	H.261	H.263
SQCIF(128×96)	—	√
QCIF(176×144)	√	√
CIF(352×288)	√	√
4CIF/D1(704×576)	—	√
16CIF(1408×1152)	—	√

60. H.264 标准是什么？

答　2003 年,ITU-T 通过了一个新的数字视频编解码标准,即 H.264 标准,H.264 是由 ISO/IEC 与 ITU-T 组成的联合视频组(JVT)制定的新一代视频压缩编解码标准。国际电信联盟将该系统命名为 H.264/AVC,国际标准化组织和国际电工委员会将其称为 14496-10/MPEG-4AVC。

H.264 标准有三个子集:基本子集、主体子集和扩展子集。基本子集是专为视频会议应用设计,这套标准几近完美,能够提供强大的差错消隐技术,并且支持低延时编/解码技术,使视频会议显得更自然。主体子集和扩展子集更适合于电视应用(数字广播、DVD)和延时显得并不很重要的视频流应用。

61. MPEG-1 标准是什么？

答　MPEG-1 制定于 1992 年,它主要是在 1.5 Mb/s 情况下,对 352×288×25 帧/秒的运动图像进行处理。它的算法框图与 H.261 基本相同,但在时间域正负方向进行的运动补偿的帧间内插使其具有以下优点:具有更高的图像压缩倍数;能够恰当地对待突发背景;能较好地保存边缘轮廓,降低原始图像的噪声。但正是由于它的双向帧间预测使得图像显示顺序与编码顺序不同,造成较大的系统延时,且压缩比越高,延时也会越大。

62．MPEG－2 标准是什么？

答　MPEG－2 制定于 1994 年,主要应用在广播电视图像的传输和数字存储媒体(DVD)。与 MPEG－1 的区别在于 MPEG－2 有了等级之分,共分为 LL($352 \times 288 \times 25$ 帧/秒)、ML($720 \times 576 \times 25$ 帧/秒)、H1440L($1440 \times 1152 \times 25$ 帧/秒)、HL($1920 \times 1152 \times 25$ 帧/秒)4 个等级。在带宽充足的情况下,MPEG－2 可实现高清晰度图像的传输,甚至能满足 HDTV 的要求。但它和 MPEG－1 具有同样的缺点,即延时较大、带宽要求相对较高。在广播电视系统中,由于不要求交互且能提供足够的带宽(广播电视系统可为每路图像信号提供 8 M 带宽),这些缺点体现不明显。但应用到视频会议系统中时,要达到 ML($720 \times 576 \times 25$ 帧/秒),需要 3 M 以上的带宽,且会有 1 s 以上的延时,不能完全适应当前视频会议系统的需求。

63．MPEG－4 标准是什么？

答　为了解决时延与压缩比的问题,ISO 于 1999 年通过了 MPEG－4 标准,它与其他标准的最大区别在于 MPEG－4 是基于内容进行编码,将编码对象由原来的矩形图像改为单独的对象,即将每幅图像分为不同的自然对象单独进行编码。由于这种合成对象/自然对象混合编码(Synthetic Natural Hybrid Coding, SNHC)可大大降低帧间图像的信息冗余,因此 MPEG－4 编码技术可利用最少的数据获得最佳的图像质量。在视频会议系统实际应用中,可在 1.5 Mb/s 情况下实现高清晰度图像($720 \times 576 \times 25$ 帧/秒)的传输,同时将时延控制在 300 ms 以内。另外,MPEG－4 还把提高多媒体系统的交互性和灵活性作为一项重要的目标,相较于 MPEG－1 和 MPEG－2,MPEG－4 的压缩比更高,节省存储空间,图像质量更好,特别适合在低带宽等条件下传输视频,并能保持图像的质量。目前基于软件的视频会议系统,基本上都是采用这一技术标准。

64. G.711 标准是什么?

答 G.711 是一种由国际电信联盟(ITU - T)制定的音频编码方式,又称为 ITU - T G.711。它是国际电信联盟 ITU - T 制定出来的一套语音压缩标准,它代表了对数脉冲编码调制(logarithmic pulse-code modulation,PCM)抽样标准,主要用于电话。它主要用脉冲编码调制对音频采样,采样率为 8 k/s。它利用一个 64 Kb/s 未压缩通道传输语音信号。其压缩率为 1∶2,即把 16 位数据压缩成 8 位。G.711 是主流的波形声音编解码器。

65. G.722 标准是什么?

答 G.722 是 1988 年由国际电信联盟(ITU - T)制定的音频编码方式,又称为 ITU - T G.722,是第一个用于 16 kHz 采样率的宽带语音编码算法。G.722 是支持比特率为 64 Kb/s,56 Kb/s 和 48 Kb/s 多频率语音编码算法。在 G.722 中,语音信号的取样率为每秒 16 000 个样本。与 3.6 kHz 的频率语音编码相比较,G.722 可以处理频率达 7 kHz 音频信号带宽。G.722 编码器是基于子带自适应差分脉冲编码(Sub Band Adaptive Differential Pulse Code Modulation,SB - ADPCM)原理的。信号被分为两个子带,并且采用 ADPCM 技术对两个子带的样本进行编码。

66. G.729 标准是什么?

答 G.729 编码方案是电话带宽的语音信号编码的标准,对输入语音性质的模拟信号用 8 kHz 采样,16 比特线性 PCM 量化。G.729A 是 ITU 最新推出的语音编码标准 G.729 的简化版本。G.729 协议是由 ITU - T 的第 15 研究小组提出的,并在 1996 年 3 月通过的 8 Kb/s 的语音编码协议。

G.729 协议使用的算法是共轭结构的算术码本激励线性预测,它基于 CELP 编码模型。由于 G.729 编解码器具有很高的语音质量和很低的延时,被广泛地应用在数据通信的各个领域,如 VoIP 和 H.323 网上多媒体通信系统等。

67. 图像格式的标准分为哪几类,其中 CIF 格式具有哪些特性?

答 图像格式的标准分为高/标清、CIF、D1。其中 CIF 格式是电视图像的空间分辨率为家用录像系统(Video Home System,VHS)的分辨率,即 352×288。使用非隔行扫描(non-interlaced scan),使用 NTSC 帧速率,电视图像的最大帧速率为 30 000/1001≈29.97 幅/秒。使用 1/2 的 PAL 水平分辨率,即 288 线。对亮度和两个色差信号(Y、Cb 和 Cr)分量分别进行编码,它们的取值范围同 ITU-R BT.601。即黑色=16,白色=235,色差的最大值等于 240,最小值等于 16。

68. 视频会议系统的标准分哪几类?

答 (1) H.320 标准是视频会议中最重要的标准,这个标准包括视频、音频的压缩和解压缩,静止图像,多点会议,加密及一些更新的特性。

(2) H.323 标准涵盖了音频、视频及数据在以 IP 包为基础的网络——LAN,Intranet,Extranet 和 Internet 上的通信,建立 H.323 标准是为了允许不同厂商的多媒体产品和应用能够互操作。

(3) H.324 可共享 H.320 的基本结构,包括复用器(将集中媒体类型复用成一条比特流)、声频和视频压缩算法(G.723.1 与 H.263)、控制协议(自动执行容量协商和逻辑信道控制,H.245)。

69. 消防电视电话会议系统由哪些部分组成,采用的技术

体制是什么？

答 全国消防部队电视电话会议系统目前主要是由多点控制单元(MCU)、视频会议终端设备和承载网络组成，该套系统采用 H.323 技术体制，视频、语音信号传输通过数字线路实现。同时，该套系统允许其他参会者采用普通电话接入的方式在任何地点加入会议，并可进行发言。

70. 日常办公协作平台的主要应用有哪几种？

答 日常业务交流、远程协作办公、远程业务培训、可视化部队管理、可视化指挥调度等应用。

第二节　应急通信组织

1. 火灾现场，支队应急通信保障分队主要承担哪些任务？

答 (1) 负责与支队指挥中心的有线、无线的不间断联络；

(2) 负责组织现场的无线通信三级网络；

(3) 负责现场的通信设备的供电、发电机运行、手持台等的充电；

(4) 负责现场指挥员指挥命令的扩音工作；

(5) 负责用卫星、3G 等方式向上级指挥中心传输火场的图像。

2. 灾害现场，无线通信设备的通信距离常常不尽人意，怎样才能提高对讲机的通信距离？

答 (1) 提高发射功率；(2) 尽量架高天线或提高天线增益；(3) 提高接收灵敏度；(4) 尽量选择开阔地带；(5) 架设转信台。

3. 应急通信组织实施中，装备编程具体包括哪些装备？

答 (1) 语音通信装备；(2) 卫星便携站；(3) 3G 图传设

备；（4）办公设备；（5）附属设备，包括发电机、钢质被覆线、电源逆变器、工具等。

4."动中通"是由卫星自动跟踪系统和卫星通信系统两部分组成，其中卫星自动跟踪系统是用以保证卫星发射天线在车体运动时对卫星的准确指向，其主要设备有哪些？

答 （1）天线座；（2）伺服设备；（3）数据处理设备；（4）载体测量设备。

5."动中通"是由卫星自动跟踪系统和卫星通信系统两部分组成。其中卫星通信系统的作用是使现场信号上行传输到卫星，并由转发器下行传送到地面卫星接收装置。卫星通信系统有哪些主要设备？

答 （1）编/解码器；（2）调制/解调器；（3）高功率放大器；（4）低噪声放大器。

6.消防部队解决地下建筑通信的方式主要有哪些？

答 （1）泄漏电缆；（2）通信中继。

7.现场指挥部建立后通信保障的任务有哪些？

答 （1）建立机动通信枢纽；（2）开设应急通信枢纽；（3）建立并保持对上级的指挥通信；（4）建立并保持对所属部（分）队的指挥通信；（5）建立并保持对有关协同关系单位的协同通信；（6）为后续增援部队通信联络提供基础和支持。

8.现场指挥部通信系统包括哪些要素？

答 （1）通信调度子系统；（2）辅助决策子系统；（3）信息采集子系统；（4）移动办公子系统；（5）工作协同子系统；（6）指挥视频子系统；（7）图像传输子系统。

9.现场指挥部通信调度子系统由哪些要素组成？

答 通信调度子系统可由固定通信网、移动通信网、互联网等公用电信网及卫星、集群、微波等专用网络及其相关设备组成。

10. 现场指挥部辅助决策子系统由哪些要素组成？

答 辅助决策子系统包括数据统计分析以及灾害评估工作模块。

11. 现场指挥部信息采集子系统由哪些要素组成？

答 现场信息采集子系统可由便携式无线音、视频采集设备或车载式音、视频采集设备组成。

12. 现场指挥部移动办公子系统由哪些要素组成？

答 移动办公子系统主要依靠多功能一体机、便携式笔记本电脑和其他移动办公设备实现。

13. 现场指挥部工作协同子系统由哪些要素组成？

答 该系统主要利用现场的无线通信设备，构建一个由中心点对多点的无线网络，可以指定一辆通信指挥车作为现场应急救援的最高指挥场所，对现场的其他部门应急通信车进行指挥调度，实现现场紧急救援协同指挥。

14. 现场指挥部图像传输子系统由哪些要素组成？

答 该系统主要由便携式无线图像传输设备和车载式图像传输设备组成，支持非视距传输。

15. 移动指挥车由哪些主要功能模块组成？

答 由通信终端设备、现场通信组网设备、作战指挥室设备、附属供电保障设备等组合构成。

16. 移动通信指挥车的作用有哪些？

答 能够实现快速到达现场，开通现场有线、无线和计算机综合业务通信网络，对现场通信进行组织、管理和控制；在现场与消防通信指挥中心、其他移动消防指挥中心联网，进行双向语音、数据、图像等信息传输；提供运行部局统一配发的现场指挥业务应用软件的硬件环境等基本功能。

17．移动通信指挥中心通信网络结构是怎样的？

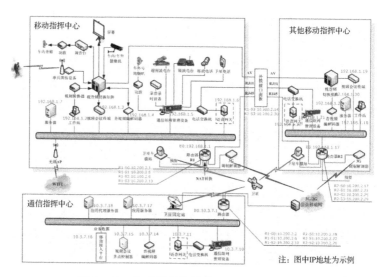

图 2－22　移动通信指挥中心通信网络结构图

答　移动通信指挥中心通信网络结构如图 2－22 所示。移动通信指挥中心应按照有关设备配置要求，集成有线、无线、计算机、卫星等通信设备，构建集成语音、数据、图像为一体的现场指挥通信系统，并应用集中控制设备，对现场指挥通信过程和各种通信设备进行集中控制。

18．移动通信指挥中心与消防通信中心互联 IP 地址是如何规定的？

答　广域网路由器互联采用公安网地址，由部局统一规划提供。每个移动消防指挥中心分配 16 个广域网地址，各总队应用部局分配的地址时，需向当地公安信通部门申请"IP 地址保护"。

各总队预留 1 套移动消防指挥中心所需的广域网地址备用，部局统一提供的广域网地址不足的，由各单位自行解决，并报部局备案。

19. **移动通信指挥中心局域网 IP 地址是如何规定的?**

答 移动通信中心局域网采用私网 IP 地址,分段划分,每个移动消防指挥中心分配 16 个 IP 地址,可供 14 个终端设备使用。

20. **移动通信指挥中心终端 IP 地址分配是如何规定的?**

答 移动通信指挥中心各终端 IP 地址按照由小向大原则分配。其中,第 1~7 个 IP 地址顺序分配给路由器局域网接口(网关地址)、工作站、视频会议终端、音视频编解码器、通信组网管理设备、语音网关、服务器,其他地址根据实际业务需要配置。如未配置上述指定 IP 地址的终端设备,应将此 IP 地址空出,不作他用。

21. **移动通信指挥中心数据通信业务的拓扑及功能是什么?**

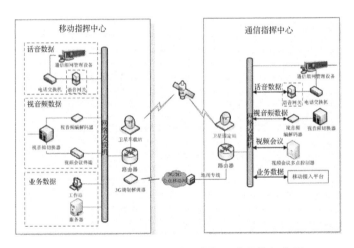

图 2-23 移动通信指挥中心数据通信网络拓扑图

答 移动通信指挥中心数据通信网络拓扑如图 2-23 所示。移动通信指挥中心应配置网络和计算机设备,安装部局统一配发的现场指挥业务应用软件,通过多种通信路由实现灾情接收、信息查询、预案检索、方案编制、指挥决策、作战指挥以及现场态势标绘、语音提示、实时记录、定位导航等功能。

22. 移动通信指挥中心语音通信业务的拓扑及功能是什么？

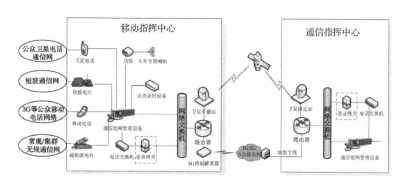

图 2-24　移动通信指挥中心语音通信网络拓扑图

答　移动通信指挥中心语音通信网络拓扑如图 2-24 所示。移动通信指挥中心应配置通信组网管理设备，汇接各类电台、电话等语音源，进行统一管理调度。实现不同网络、不同体制语音用户的管理，语音信号的交换、录音、监听、查询、通话标志显示，通信终端快速入网，通信预案配置及状态控制等。

23. 移动通信指挥中心音视频通信业务的拓扑及功能是什么？

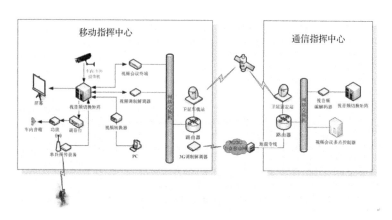

图 2-25　移动通信指挥中心音视频通信网络拓扑图

答 移动通信指挥中心音视频通信网络拓扑如图 2-25 所示。移动通信指挥中心应配置音视频管理控制设备,汇接各类音视频源,实现不同网络、不同体制图像信号的管理、显示和上传。其中,视频会议设备应支持 H.323、H.264、720P 等标准。

24. 移动通信指挥中心的外部接口包括哪些?

答 移动通信指挥中心的外部接口包括外接电源接口、网络接口、光纤接口、外接电话接口、外接音视频接口。

25. 移动通信指挥中心应具有哪些通用性能?

答 (1) 具有较高机动性能,应能快速到达火场及其他灾害事故现场;

(2) 建立通信链路时间不应大于 10 min;

(3) 应符合国家有关电磁兼容技术规范标准,各种技术设备不得相互干扰;

(4) 车内设备布局合理,应有减震、降噪、隔音、防静电、防雷等措施,具有良好、舒适工作环境;

(5) 采用集成化操作平台,工作界面应设计合理,操作简单、方便;

(6) 应采用模块化设计,具有良好的共享性和可扩展性;

(7) 应采用北京时间计时,计时最小量度为 s,系统内保持时钟同步;

(8) 应与消防通信指挥中心的数据保持一致。

26. 移动通信指挥中心软硬件设备应符合哪些要求?

答 (1) 计算机等信息技术设备应符合 GB 50401 的规定;

(2) 有线通信设备、无线通信设备、卫星通信设备等产品应符合 GB 50401 的规定;

(3) 开关插座、电线电缆等电器材料应采用符合国家有关标准的产品;

（4）商业软件应具有软件使用（授权）许可证；

（5）专业应用软件应具有安装程序和程序结构说明、安装使用维护手册；

（6）软件应具有防病毒、漏洞修补功能；

（7）软件应具有配置数据备份导出功能。

27. 移动通信指挥中心对现场通信组网有哪些要求？

答 （1）移动中心应能通过外接电话接口或卫星通信链路，开通市话等有线电话。

（2）移动中心可通过车载电话交换机和有线电话通信线路，开通现场有线电话指挥通信网络。

（3）移动中心应具有现场指挥广播扩音功能。

（4）移动中心应能通过车载电台、手持电台等无线用户终端设备进行下列无线语音指挥通信：

① 与消防通信指挥中心通信；

② 现场内各级指挥员之间通信；

③ 与多种形式消防力量协同通信；

④ 与灭火救援应急联动力量协同通信。

（5）移动中心应能在发生自然灾害或突发技术故障造成大范围通信中断时，通过卫星电话、短波电台、广播通信等无线用户终端设备，提供应急通信保障。

（6）移动中心应具有撤退、遇险等紧急呼叫信号的发送功能。

（7）移动中心可通过移动通信基站，采用通信中继等方式，保证无线通信盲区的语音通信不间断。

（8）移动中心可通过采用地下无线中继等方式，实现地铁、隧道、地下室等地下空间内的语音通信。

（9）移动中心可通过移动卫星站（车载或便携）双向传输语

音、数据、图像信息。

（10）移动中心应具有内部计算机网络，并可在现场范围内建立无线局域网。

28.移动通信指挥中心应能接收哪些指令？

答　移动通信指挥中心可接收：

（1）消防通信指挥中心的指挥调度指令；

（2）公安机关指挥中心、公共安全应急指挥机构的指挥调度指令。

29.移动通信指挥中心应能查询哪些信息？

答　（1）基于地理信息的各类灭火救援信息；

（2）预案、现场水源、周边建（构）筑物、消防实力、战勤保障、现场气象等信息；

（3）危险化学品、各类火灾和灾害事故的特性及技战术措施、抢险救援勤务规程、特种装备使用说明、典型案例、专家资料等信息。

30.移动通信指挥中心地理信息平台应满足哪些要求？

答　（1）应能定位显示火灾及其他灾害事故地理位置；

（2）应能显示灾害事故地点周边的建（构）筑物、道路、消防水源等信息；

（3）应能显示现场消防车辆的实时位置和动态轨迹；

（4）应能检索显示消防实力、消防装备、公安警力、灭火救援有关单位等分布信息；

（5）应能检索显示消防和公安监控图像系统的摄像站点分布信息；

（6）应能标绘显示火灾及其他灾害事故影响范围及趋势、灭火救援态势、临机灾害处置方案、灭火救援作战部署等；

（7）应具有地图放大、缩小、平移、漫游等功能；

（8）应具有道路、建（构）筑物等目标的距离、面积测量功能；

（9）应具有最佳行车路径分析功能；

（10）应能打印输出专题地图。

31. 移动通信指挥中心对现场辅助决策有哪些要求？

答 （1）移动中心应能对当前灾害事故的发展趋势和可能造成的后果进行评估。

（2）移动中心应能根据灾害事故评估结果，提供相应的解决对策及决策参考数据。

（3）移动中心应能计算现场需要的消防车辆、装备、器材、药剂，并能下达调集命令。

（4）移动中心应能现场标绘作战部署，编制临机灾害事故处置方案。

（5）移动中心应能进行临机灾害事故处置方案的推演和修订。

（6）移动中心应能启动临机灾害事故处置方案。

32. 移动通信指挥中心对现场通信控制有哪些要求？

答 （1）移动中心应能显示呼入电话号码。

（2）移动中心应能进行电话呼叫、应答、转接。

（3）移动中心应能进行无线通信信道（通话组）监听，显示呼入无线电台的身份码。

（4）移动中心应能进行无线电台的呼叫、应答、转接。

（5）移动中心应能配置无线常规通信终端的信道频率，对终端进行动态分组、收发状态控制等。

（6）移动中心应能进行卫星通信链路的建立和撤收。

（7）移动中心应能进行现场有线、无线录音和选择回放指定录音，录音录时功能应符合 GB 50313 的规定。

（8）移动中心应能进行现场图像的预显、存储、检索和选择回放。

（9）移动中心应能进行现场图文信息的切换、显示。

（10）移动中心应能进行交互多媒体作战会议操作。

（11）移动中心应能进行现场指挥广播扩音操作。

（12）移动中心可对各种电气设备进行集中控制和监测。

33. 移动通信指挥中心对图文显示有哪些要求？

答 （1）移动中心显示设备应能显示下列消防实力信息：

① 消防指挥机关的值班领导、值班电话；

② 消防站的值班领导、车辆和人员数量、通信联络方法；

③ 消防车辆属地、类型、状态、位置、通信联络方法。

（2）移动中心显示设备应能显示下列时钟、气象、火警信息：

① 日期、时钟；

② 天气情况、温度、湿度、风向、风速等；

③ 灭火救援统计数据；

④ 当前灾害事故的地址、类型、等级、态势、出动力量等。

（3）移动中心显示设备应能显示下列视音频信息：

① 现场图像；

② 消防监控图像和公安监控图像；

③ 视频会议图像。

（4）移动中心显示设备应能显示下列计算机网络传输的信息：

① 作战指挥工作界面；

② 通信组网管理工作界面；

③ 现场地理信息；

④ 出动消防车辆的位置等状态信息。

34. 移动通信指挥中心对线缆布设有哪些要求？

答 （1）应有线槽（管）保护；

（2）电源线、信号线应分开布设；

（3）布线应布局合理、捆扎整齐，走线标识齐全；

（4）车外应按照隐蔽、美观、防雨、密封的原则布线。

35. 移动通信指挥中心对供电系统有哪些要求？

答 （1）可分为照明供电、设备供电、空调供电。

（2）可采用自动切换外接电源和自备发（供）电两种供电方式。

（3）自备发（供）电可采用车载发电机、取力发电、车用电瓶等方式。

（4）应能保证 24 h 不停机满负荷运行。

（5）车载发电机额定功率应大于整车用电功耗的 20%。

（6）车载发电机安装应有减振、降噪、强制排风换气等措施，并便于维护检修。

（7）距离车载发电机 7 m 处，噪音不应大于 65 dB（A）。

（8）车载发电机工作时，作战指挥室内噪音不应大于 75 dB（A）。

（9）一次配电单元应由电源接口板、发电机、配电盘等组成，提供空调、照明等用电。

（10）二次配电单元应由 UPS 电源、交直流配电盘等组成，提供电子设备用电。

（11）UPS 电源应采用在线式，并保证电子设备正常使用 30 min。

（12）应具有完善的短路保护、过载保护、漏电保护装置和稳压装置。

36. 动中通通信指挥车的操作人员组成与操作步骤有哪些?

答 人员包括干部 1 名,驾驶员 1 名,通信员 2 名。

操作步骤:

(1) 加电启动。驾驶员启动车辆,前往指定位置;通信员开启发电机和 UPS(不间断)电源,依次打开通信设备电源。

(2) 建立卫星通信链路。通信员检查天线控制器和调制解调器状态信息,确认完成对星,并建立卫星通信链路。

(3) 开通 VOIP 电话。在行进过程中,通信员使用车载 VOIP 电话通过卫星链路拨打固定站指定电话并进行双方通话。

(4) 音视频应用设备操作。在行进过程中,通信员使用音视频设备建立与固定站的双向音视频通信,接收固定站发送的 1 路语音图像,并上传 1 路语音图像。

(5) 无线单兵图传设备操作。车辆驻停后,通信员使用无线单兵图传设备,通过卫星通信链路,将现场语音图像传送至固定站。

(6) 摄像机操作。通信员使用 1 台摄像机,进行推、拉、摇、移等操作,选取最佳图像传送至固定站。

(7) 数据查询。在行进过程中,通信员使用车载电脑通过卫星通信链路联入指挥调度网,查询指定的数据。

37. 静中通通信指挥车的操作人员组成与操作步骤有哪些?

答 人员包括干部 1 名,驾驶员 1 名,通信员 2 名。

操作步骤:

(1) 车辆选址及加电启动。驾驶员启动车辆,考虑卫星车选址因素,将车辆驻停至合适位置;通信员开启发电机和 UPS 电源,依次打开通信设备电源。

(2) 建立卫星通信链路。通信员检查天线控制器和调制解调器状态信息,确认完成对星,并建立卫星通信链路。

(3)开通 VOIP 电话。通信员使用车载 VOIP 电话通过卫星链路拨打固定站指定电话并进行双方通话。

(4)音视频应用设备操作。通信员使用音视频设备建立与固定站的双向音视频通信,接收固定站发送的 1 路语音图像,并上传 1 路语音图像。

(5)无线单兵图传设备操作。车辆驻停后,通信员使用无线单兵图传设备,通过卫星通信链路,将现场语音图像传送至固定站。

(6)摄像机操作。通信员使用 1 台摄像机,进行推、拉、摇、移等操作,选取最佳图像传送至固定站。

(7)数据查询。通信员使用车载电脑通过卫星通信链路联入指挥调度网,查询指定的数据。

38. 卫星便携站的操作人员组成与操作步骤有哪些?

答 人员包括干部 1 名,通信员 3 名。

操作步骤:

(1)组装、选址及加电启动。通信员组装卫星便携站,选择适宜位置,启动发电机,完成加电启动。

(2)卫星通信链路建立。通信员检查天线控制器和调制解调器状态信息,确认完成对星。

(3)VOIP 电话开通。通信员使用 VOIP 电话通过卫星链路拨打固定站指定电话并双方通话。

(4)音视频设备应用。通信员使用音视频设备建立与固定站的双向音视频通信,接收固定站发送的 1 路图像,上传 1 路摄像机画面。

(5)无线单兵图传设备操作。通信员使用无线单兵图传设备,通过卫星通信链路,将现场语音图像传送至固定站。

（6）摄像机操作。通信员使用 1 台摄像机，进行推、拉、摇、移等操作，选取最佳图像传送至固定站。

（7）数据查询。通信员使用电脑通过卫星通信链路联入指挥调度网，查询指定的数据。

39. 操作静中通通信指挥车（便携站）通信用语是什么？

答 （1）××静中通（便携站）：总队固定站（部局网管站），××静中通（便携站）呼叫。

（2）总队固定站：××静中通，总队固定站收到，请报告通信情况。

（3）××静中通：总队固定站，我们已于××时××分到达××，已建立卫星链路，各种设备运行正常，请指示。

（4）总队固定站：××静中通，请与指挥中心建立指挥视频连线。

（5）××静中通：报告总队固定站，我们已收到指挥中心图像，语音效果良好（较差），图像清晰（模糊），请指示。

（6）总队固定站：××静中通，请切换××镜头（车内、车顶、无线图传设备）图像，拍摄××。

（7）××静中通：报告总队固定站，现按要求，给你上传××镜头图像。

（8）总队固定站：××静中通，收到××图像，图像清晰（模糊）。

（9）总队固定站：××静中通，请调整镜头，拍摄××近景（远景、特写）。

（10）××静中通：报告总队固定站，现按要求，给你上传××近景图像。

（11）总队固定站：××静中通，收到××图像，图像清晰（模糊），请保持。

（12）总队固定站：××静中通，请查询××信息并报告。

（13）××静中通：总队固定站，我们已查询到指定信息，现任务已完成，准备撤离，请指示。

（14）总队固定站：××静中通，同意你们撤出现场，请手动关闭卫星发射载波，依次关闭设备电源。

（15）××静中通：××静中通明白。

40. 操作动中通通信指挥车通信用语是什么？

答 （1）××动中通：总队固定站（部局网管站），××动中通呼叫。

（2）总队固定站：××动中通，总队固定站收到，请使用车载电话，报告通信情况。

（3）××动中通：总队固定站，我们已于××时××分出发前往××，已建立卫星链路，各种设备运行正常，请指示。

（4）总队固定站：××动中通，请与指挥中心建立指挥视频连线，请切换××镜头（车内、车顶）图像。

（5）××动中通：报告总队固定站，我们已收到指挥中心图像，语音效果良好（较差），图像清晰（模糊）。现按要求，给你上传××镜头图像。

（6）总队固定站：××动中通，总队固定站收到图像，图像清晰（模糊），请保持。

（7）总队固定站：××动中通，请查询××信息并报告。

（8）××动中通：总队固定站，我们已查询到指定信息，请指示。

（9）总队固定站：××动中通，到达现场后，请第一时间通过无线图传设备，上传现场图像。

（10）××动中通：××动中通收到，现已到达现场，按要求上传无线图传设备图像。

（11）总队固定站：总队固定站收到图像，质量良好（较好），请安排专人值守。

（12）××动中通：总队固定站任务已完成，准备撤离，请指示。

（13）总队固定站：××动中通，同意你们撤出现场，请手动关闭卫星发射载波，依次关闭设备电源。

（14）××动中通：××动中通明白。

41. 无线电移动通信的定义、特点及作用是什么？

答　无线电移动通信，是通信双方或一方处于运动中的无线电通信。具有机动、灵活的特点，能适应现场形势变化迅速、部队频繁机动的需要，能传递数字保密话音、数据、传真、电报等多种业务，不仅能独立组网，而且能与地域通信网、单工无线电通信网及公用电话网互通。

42. 无线电移动通信的组织原则和基本组织方法是什么？

答　无线电移动通信的组织坚持"统一计划，按级组织"的原则。基本组织方法是网路通信和专向通信。可以单独组网，也可以结合组网。

43. 卫星通信的定义、特点及作用是什么？

答　卫星通信，是利用人造地球卫星作为中间站转发信号达成的无线电通信。卫星通信的通信距离远，覆盖范围宽，容量大，质量好，通信稳定可靠，不受大气层扰动、磁暴和核爆炸的影响，能传输电话、电报、传真、数据和图像，并能建立移动通信。主要用于战略、战役通信。但卫星通信技术设备较复杂，通信时有信号延迟和回声干扰。

44. 卫星通信的组织原则和组织方法是什么？

答　卫星通信的组织坚持"统一计划，重点使用"的原则。基本组织方法是网路通信，可以单独组网，或者作为传输信道与其他通信手段结合组网,必要时,可以建立点对点通信。

45. 有线电通信的定义、特点及作用是什么?

答　有线电通信是利用金属导线或光纤传输电信号达成的通信。它通信稳定,保密性较好,能够传输电话、电报和传真,有的还能传输数据和图像,广泛使用于部队各级,是保障作战指挥的重要通信手段。但有线电通信较无线电通信建立费时、易遭破坏,不便于机动。

46. 有线电通信按传输线路的不同,分为哪几种通信?

答　有线电通信按传输线路的不同,通常分为野战线路通信、地下(海底)电缆通信、架空明线通信。

47. 野战线路通信的组织原则和组织方法是什么?

答　野战线路通信的组织坚持"统一计划,按级组织"的原则。组织方法是支线通信和干线通信,必要时还可采用支干结合通信、中间搭线、专线通信等方法。

48. 架空明线的定义、特点及作用是什么?

答　架空明线通信,是利用架空明线线路和相应的通信设备组成的有线电通信。它较野战线路通信质量高、容量大、距离远,能够传输电话、电报、传真、数据和图像。主要用于战略、战役通信。但建立较费时,不便于机动,易遭破坏,保密性差。

49. 架空明线通信的组织原则是什么? 通信方法有哪些?

答　架空明线通信的组织原则是统一计划、分工建设、分级管理、调配使用。通信方法一般有调用、开口、搭线、向就近载波站(电话站)建立连接线等。

50. 消防卫星网是由哪些站点组成的,作用是什么?

答　全国消防部队卫星通信网(简称"消防卫星网")是指利用全国消防部队统一的卫星频率资源进行通信的若干个地球站

组成的通信网。由部局中心站、总队分中心站及各移动站组成。用于:总队分中心站参加部局指挥中心的指挥视频会议;各移动站参加部局或属地总队指挥中心的指挥视频会议,上传现场实况图像;各移动站参加对部局或属地总队指挥中心的指挥电话业务;各移动站开通对部局或属地总队指挥中心的业务应用数据交换业务。

51. 什么是应急通信?

答 应急通信是指为应对自然或人为突发性紧急情况,综合利用各种通信资源,为保障紧急救援和必要通信而提供的一种暂时的、快速响应的特殊通信机制。应急通信系统是能够满足这种特殊机制需求的专用通信系统。为应对公共安全和公共卫生事件、大型集会活动、救助自然灾害、抵御敌对势力攻击、预防恐怖袭击和其他众多突发情况而构建的专用通信系统,均可纳入应急通信系统的范畴。

52. 应急通信的特点有什么?

答 (1)时间的突发性;(2)地点的不确定性;(3)地理环境的复杂性;(4)容量需求的不确定性;(5)通信保障业务的多样性;(6)现场应用的高度自主性。

53. 应急通信对设备的要求有那几点?

答 (1)组网灵活;(2)快速布设;(3)小型化;(4)节能型;(5)简单易操作;(6)具有良好的服务质量保障。

54. 什么是指挥通信?

答 指挥通信是保障指挥员和指挥机关对所属部队、分队实施不间断指挥,是按照消防部队作战指挥关系建立的通信联络,包括作战编成内上下级之间建立的通信。可分为按级指挥通信和越级指挥通信。按级指挥是指本级同直接下级建立的指挥通信,如部局与总队之间的指挥通信;越级指挥通信是指本级同下级的下级之间建立的指挥通信,如部局直接与支队或某救援队建立的指挥通信。

55. 什么是协同通信?

答 协同通信,是按跨军兵种、跨部门协同关系组织建立的通信联络。它包括执行共同任务并有直接协同关系的各军兵种部队之间,友邻部队之间,以及配合作战的其他单位和部门之间建立的通信联络。如:消防部队同武警部队及解放军诸军兵种和民兵之间,消防部队同公安其他警种之间,消防部队同配合行动的其他单位之间建立的通信联络。

56. 前方指挥部通信系统是由什么构成的?

答 前方指挥部是作战指挥的通信枢纽,是汇接、调度、传递和交换信息的中心,通信设备和通信人员两个要素的有机结合,才能保证部队上下级之间、前后方之间、友邻部队之间、部队和地方之间、与公安各警种之间的沟通联络,以及作战指挥、协同作业和情报传递。包括:(1)通信调度子系统;(2)辅助决策子系统;(3)信息采集子系统;(4)移动办公子系统;(5)工作协同子系统;(6)指挥视频子系统;(7)图像传输子系统。

57. 应急通信组织要则是什么?

答 (1)掌控情况,科学预测;

(2)关照全局,把握关节;

(3)统一指挥,整体协调;

(4)合理用兵,善用战法;

(5)坚定果断,快速反应。

58. 应急通信联络原则有哪几点?

答 (1)平战结合、确保畅通;

(2)统一计划、按级负责;

(3)全面组织、确保重点;

（4）以无线电通信为主，综合运用多种通信手段；

（5）掌握通信预备队；

（6）快速反应、提高通信时效；

（7）严格通信保密；

（8）周密组织通信装备器材保障；

（9）主动配合、密切协作。

59. 应急线路通信的特点是什么？

答 应急线路通信，是利用应急电缆、被覆线线路和相应的终端设备达成的有线电通信。应急线路通信，分为应急被覆线线路通信和应急电缆线路通信。它较架空明线通信、地下（市话）电缆通信建立迅速，便于机动，使用简便，保密性好，是应急条件下组织有线电通信的重要手段。

60. 应急线路通信的组织原则是什么？

答 应急线路通信的组织运用，必须遵循统一计划、分级组织的原则。

（1）统一计划，就是在灾害现场范围内，应急线路通信网的构成、重要线路的建立、线路复用设备的开通使用、主要线路路由的选择、与无线电通信网结合使用的方法和规定，以及与区域内既设通信设施结合使用的方法和规定等，均由现场最高指挥部统一计划。

（2）分级组织，就是各级通信部门（分队）根据上级的指示，结合本级的指挥要求以及通信人员器材情况，具体组织本级的应急线路通信。

61. 应急线路通信的组织方法有哪些？

答 组织应急线路通信的基本方法，通常采取支线通信和干线通信。必要时还可采用支干结合通信以及线段利用等方法。

（1）支线通信，就是利用数条直达线路，分别保障与数个通信对象之间通信的方法，如图 2 - 26 所示。其优点是通信时效高，但所需通信人员、器材较多。因此，支线式是通常在通信人员、器材比较充足、任务现场情况较为稳定的情况下采用的组织方法。

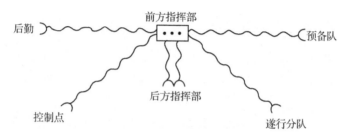

图 2 - 26　支线通信组织方法拓扑图

（2）干线通信，就是利用一条或数条线路，通过中间电话站，分别保障与数个通信对象进行通信的方法，如图 2 - 27 所示。其优点是比支线通信建立快，使用人员器材少，但通信时效差，干线一旦中断，就会同时中断与数个通信对象的通信联络。通常在人员器材较少、距离指挥部较远且用户多又比较集中时采用。

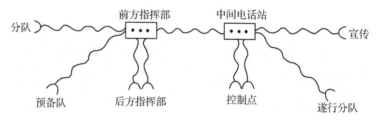

图 2 - 27　干线通信组织方法拓扑图

（3）支干结合通信，就是将支线通信和干线通信结合运用，保障与数个通信对象之间通信的方法，如图 2 - 28 所示。其优点是可增加迂回通信方向,提高通信联络的稳定性。通常用于对主要方向通信,但使用人员器材多、建立时间较长。

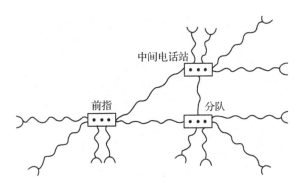

图 2 - 28　支干结合通信组织方法拓扑图

（4）其他方法。除上述三种方法外,根据需要,可以建立专线通信,或者作为传输信道与其他通信手段结合使用,还可以作为架空明线、地下电缆线路开口的引接线路,但必须按上级的规定执行。

62. 保障有线电通信顺畅的主要措施有哪几点?

答　（1）注重平时,力求成网;

（2）正确选择路由和架设线路;

（3）建立和实施有线电通信时应遵循必要的原则;

（4）周密组织机线维护勤务。

63. 无线电通信是什么?

答　无线电通信是利用无线电波传输信息所达成的通信。按现有装备,可分为无线电台通信、无线电接力通信和卫星通信等。可传送电话、电报、数据和图像。

64. 无线电台通信的特点和作用有什么?

答　无线电台通信具有建立迅速、机动灵活、适应性强、携带方便、操作简单等特点,但无线电台受地形气候影响大。

65. 无线电台通信的组织原则有哪几点？

答 （1）统一计划。属于全国消防部队范围的无线电台通信,由公安部消防局信息通信处负责统一计划;属总队以下各级的无线电台通信,由各级司令部负责统一计划。内容包括:频率划分、呼号分配等。

（2）分级组织。就是各级信通部门按照上级信通部门的统一计划,组织本级职责范围内的无线电台通信。内容包括:区分任务、频率划分、制定联络规定等。

（3）严格管理。就是要加强对灾害事故、突发事件现场的电台通信的管理,严格无线电台通信的动用审批权限,坚持"少设严管"的方针。

66. 超短波电台通信组织的特点有哪几点？

答 （1）组织结构形式多样;（2）掌握和使用通信工具的人员情况复杂;（3）中心台的主从关系不确定。

67. 撤收与转移的实施步骤有哪几点？

答 （1）通信保障分队队长应当迅速向所属人员部署撤收转移方案,明确具体规定和要求;

（2）按照先架设的设备后收,后架设的设备先收的原则,有序集中器材装备;

（3）对器材装备进行装箱,并安排专人看护;

（4）按照现场指挥部统一安排,装车撤离或转移;

（5）做好转移中的通信联络。

68. 应急通信预案主要内容是什么？

答 预案内容既要有组织方面的,也要有技术方面的,一般包括预案的总则、风险描述、风险分析、适用条件、处置措施、组织机构、物资与装备、队伍编成、专业资料、背景资料等。

应急通信预案的核心要素包括:环境、对象、任务、人员、装备、编成、应用(组网)模式、流程等。

69. 应急通信预案编制依据有哪几点?

答 《中华人民共和国突发事件应对法》《中华人民共和国消防法》《中华人民共和国电信条例》《中华人民共和国无线电管理条例》《突发事件应急预案管理办法》《国家通信保障应急预案》《公安消防部队执勤战斗条令》和《公安消防部队跨区域灭火救援应急通信保障预案》等有关法规和规章制度。

70. 应急通信预案编制方法有哪些?

答 (1)文字式:文字式编制方法就是仅使用文本编制的预案。

(2)文字附图表式:文字附图表式编制方法是使用文本、图表等多种方式编制的预案。

71. 应急通信预案的拟制原则是什么?

答 (1)按照部队灭火救援指挥体系建立通信保障体系。

(2)体现通信先行、全程保障、遂行保障的理念。

(3)组网要体现"三通":上通、下通、旁通。

(4)内容要反映"三个方面":音频、视频、数据。

(5)落实"四个能力":第一时间上传、持续保障、人员装备编成、临机处置。

72. 应急通信预案的拟制内容有哪几点?

答 (1)灾害事故想定;(2)装备编成;(3)组织体系与人员分工;(4)通信组网方案;(5)保障措施;(6)注意事项;(7)图表。

73. 消防部队常用的语音、图像、数据类应急通信装备有哪些?

答 (1)语音类:常规、集群,3G、4G、POC,手机、卫星电话、短波、语综管理平台；

（2）图像类：微波单兵图传、海事平板图传、卫星移动站（静中通、动中通、便携站）、图综平台；

（3）数据类：移动办公计算机、传真机等。

74. 根据无线电波传输的特性，影响短波、超短波、卫星通信的主要因素有哪些？

答 短波主要靠天波和地波传播，受地形、天气、气候等影响较大。超短波主要靠视距传播，受地面建筑物、地形等的影响较大，且绕射能力差，很小的障碍物也可能对通信造成极大影响。卫星通信存在自由空间损耗、大气损耗和雨衰，并受太阳活动影响，有日凌中断现象，通话有时延。

75. 消防部队应急通信组织体系架构是什么？

答 五级，公安部消防局—总队—支队—前指—搜救队（作战中队）。

76. 灾害现场，应急通信保障分队人员是如何分工的？

答 （1）组长（1 人）：按照前指的要求，负责指挥协调整个分队的通信保障任务。

（2）文书（1 人）：负责遂行组长保障通信，并做好记录。

（3）队员（3~6 人）：负责在现场建立有线、无线、卫星、计算机指挥通信网络，与前方总指挥部联网，完成分队所在现场的图像、语音、电话、计算机数据传输，保障前方指挥部的指挥调度。

77. 灾害现场，指挥部通信中心通常设在什么位置？通信设施如何布局？

答 现场指挥部通信中心通常以（卫星）通信指挥车或指挥帐篷为载体，架设在开阔地段，便于指挥员使用，便于发挥通信效能，便于各通信设施间的连接，便于汇接各方向的通信线路；

同时,要具备良好的地形和进出道路,便于疏散、机动和转移,要避开河道、油库、高压电源、易崩塌等危险地点,确保安全。现场指挥部通信设施布局如图2-29所示。

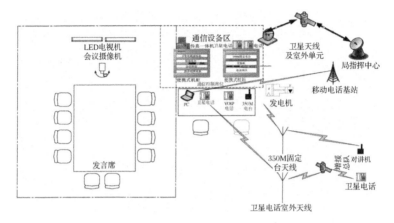

图 2-29　现场指挥部通信设施布局图

78. 灾害现场无线通信组网的原则是什么？

答　根据灭火救援指挥需要,统一调配现场通信人员车辆装备和频率资源,按照无线通信三级组网的要求,组织建立灭火救援现场无线通信网络。根据现场全体参战人员无线电台通信状况,明确划分指挥、作战、通信、保障等多个不同指挥频道,并保留备用频道,用作现场临机调配,防止出现干扰,对个别频道无法通达的位置,使用中继延伸覆盖范围。

总队、支队指挥员通信频道要接入语音综合管理平台。

典型的无线通信网络拓扑结构如图2-30所示。

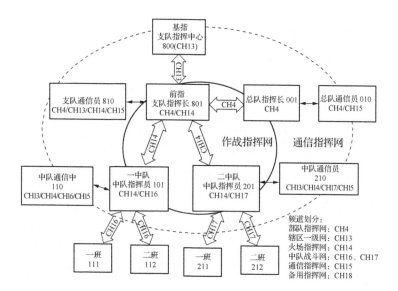

备注:中队通信员 CH13 频道在前勤指挥部成立之前应用;全勤指挥部成立后,切换至 CH14 频道。

图 2-30 典型无线通信网络拓扑结构图

图 2-30 中,各网络构成要素如下:

(1)一级网(CH13):支队指挥中心、支队指挥长、支队通信员、中队通信员。

(2)二级网:①作战指挥网(CH14):支队指挥长、支队通信员、中队指挥员、中队通信员;② 通信指挥网(CH15):总队通信员、支队通信员、中队通信员(所有的通信人员同时值守本级最高指挥员指挥信道);③ 备用指挥网(CH18):战勤保障人员。

(3)三级网(CH16\\CH17):中队指挥员、中队通信员、班长、驾驶员。

(4)总队指挥网(CH4):总队指挥长、总队通信员、支队指挥长、支队通信员。人员角色定位、呼号与频道划分如下:

① 总队全勤指挥部

总队指挥长————————001(CH4)

总队通信员————————010(CH4\\CH15)

② 支队指挥中心————————800(CH13)

③ 支队全勤指挥部

支队指挥长————————801(CH14)

支队通信员————————810(CH4\\CH13\\CH14\\CH15)

④ 辖区中队

一中队指挥员————————101(CH14\\CH16)

一中队通信员————————110(CH13\\CH14\\CH15\\CH16)

一班班长————————111(CH16)

二班班长————————112(CH16)

⑤ 增援中队

二中队指挥员————————201(CH14\\CH17)

二中队通信员————————210(CH13\\CH14\\CH15\\CH17)

一班班长————————211(CH17)

二班班长————————212(CH17)

79. 根据公安部下发的《消防部队 350 MHz 无线通信组网技术方案》规定,全国消防协同联络双频点和单频点频率分别是什么?

答　全国消防协同联络双频点为 355.075 MHz / 365.075 MHz,全国消防协同联络单频点为 358.950 MHz。

80. 灾害现场,语音指挥通信网络的拓扑结构图是怎样的?

答　语音指挥网络拓扑结构图如图 2-31 所示。

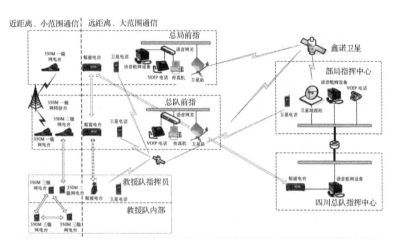

图 2-31　语音指挥网络拓扑结构图

81. 灾害现场,图像指挥通信网络的拓扑结构图是怎样的?

答　图像指挥网络拓扑结构图如图 2-32 所示。

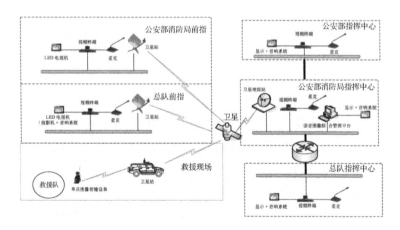

图 2-32　图像指挥网络拓扑结构图

82. 执行应急通信预案时应注意哪些事项?

答　(1)各执行应急通信保障任务的人员应熟悉应急通信

保障方案的各项内容,认真履行职责;平时要加强学习与训练。在上级统一组织下,定期开展以实战为背景的演练,掌握和积累在各种情况下开通各类通信装备的技术数据资料,为执行任务打下良好的基础。

(2)强化通信运行管理,做好设备维护,严格按照设备维护标准进行检测,确保各类应急通信装备和车辆处于良好的备战状态。

(3)加强组织纪律性,坚决执行上级有关应急通信的指示和要求,一切行动听指挥,做到令行禁止。

(4)建立健全的岗位责任制,做到分工明确,责任到人,确保一声令下就能立即出动,拉得动,通得上,用得好。

83. 应急通信演练的作用是什么?

答 应急通信演练,可以培养消防部队通信官兵勇敢战斗的意志品质和连续作战的战斗作风,提高通信部队遂行作战的能力。目的是练组织、练规矩、练技术。

84. 应急通信演练实施内容和流程是什么?

答 通信部队演练实施,是指从参演者接到最初演练文书起到推演完最后一个情况,是整个综合演练的重要阶段,也是容易与正常值勤工作产生矛盾的时期。演练实施一般按以下流程进行:

(1)下达演练命令,组织部队开进;

(2)通信演练具体实施;

(3)总结经验,修订完善预案。

85. 通信演练具体实施步骤是什么?

答 (1)导调。演练过程中,导演组应全面掌握演练情况,并要根据演练进展情况和演练效果,设置演练情况变化,引导部队变换演练方向,充分调动部队的通信保障能力,提供给各级指挥员发挥指挥决策、应变能力的空间,以获取演练的最佳效益。如演练过程中,在发生重大错误或背离演练初衷,但不影响值勤大局时,导演组应适时给予指出,可不中断演练。如出现影响到通信运行的情况,或有可能通信中断时,导演组应立即向领导小组请示,尔后下达中断演练命令。

(2)组织实地演练。组织实地演练,通常分为演练待演、演练推演和推演结束三个阶段。

(3)演练讲评。综合演练结束后,通信部门应组织对演练情况进行总结讲评。演练讲评由演练导演亲自实施,通常在演练结束后进行,有时在演练实施过程中按训练问题分阶段讲评,演练结束后再作综合讲评。

86. 通信演练后应注意哪些事项?

答 (1)清理演练现场。演练结束后,必须认真清场,撤除各种演练设施,平整构筑的工事、堑壕,收回各种演练器材,平整演练损坏的道路等,尽量不留演练的痕迹。清理演练场的工作一定要认真做好。

(2)组织部队撤回。演练结束后,导演组通常要拟制并下达回撤指示(命令)。

(3)检查群众纪律。演练结束后,导演组要组织人员深入演练地区的村、镇,调查部(分)队有无违反群众纪律的人和事,发现问题,要妥善处理。

(4)收集整理资料。演练资料主要有:演练组织准备阶段首长的指示;演练想定、计划、规定和各种参考资料等;演练阶段的各种导调文书和作业文书,以及演练中首长的指示,演练结束后的讲评,总结材料等。

87. 什么是想定演练?

答 想定演练,是以消防部队遂行某一想定的通信任务为背景,以情况想定为依据,将通信技术、战术和勤务保障等内容贯穿于一个或数个战术课题中进行的一种训练活动。

88．想定演练的一般程序是什么？

答 （1）编写演练想定。演练想定是对消防部队遂行通信保障不同作战任务的设想,是引导通信部（分）队进行训练的文书。

（2）组织实施。演练实施是按照想定的演练方案指导演练的过程。

（3）演练讲评。综合演练结束后,通信部门应组织对演练情况进行总结讲评。

89．根据《公安消防部队应急通信总体预案》的要求,应急通信保障工作的原则是什么？

答 应急通信保障力量应按照"统一领导、分级负责、属地为主、遂行保障"的原则,开展应急通信保障工作。

90．各级应急通信保障力量接到调派命令后,应立即开展哪些工作？

答 （1）了解警情信息,启动保障预案；
（2）遂行部队出动,实施途中通信；
（3）搭建通信中心,进行通信组网；
（4）建立通信组织,调整保障力量；
（5）调动联动力量,全程跟班保障。

91．根据《灭火救援现场应急通信工作评分标准（试行）》规定,对于四级（含四级）以上火灾和应急救援或敏感时期领导关注的灭火救援行动,对总队、支队有什么要求？

答 总队、灾害地支队必须要有1名干部跟班作业,专职负责调配应急通信力量,组织图像、语音通信,汇总上报现场通信力量。

92. 根据《灭火救援现场应急通信工作评分标准(试行)》规定,对于途中通信有哪些要求?

答 应急通信保障分队出动途中,具备上传图像条件的,要不间断上传队伍集结或行进情况。不具备条件的,每隔半小时向部消防局指挥中心报告一次情况。

93. 根据《灭火救援现场应急通信工作评分标准(试行)》规定,对于上传现场图像有哪些要求?

答 辖区中队到场后,10 min 内必须上传 1 路着火态势图像。总队、支队应急通信保障分队到场后,30 min 内,至少组织上传 3 路图像,分别是现场全景(或多侧面火灾态势)、主攻方向和重要部位特写。

94. 根据《灭火救援现场应急通信工作评分标准(试行)》规定,对于语音组网有哪些要求?

答 总队、支队应急通信保障分队到场后,现场无线语音通信应至少保证 3 路信道,其中,总队、支队指挥员 1 个信道,支队、大(中)队指挥员 1 个信道,所有通信保障人员 1 个信道。总队、支队指挥员通信信道要接入语音综合管理平台。

95. 根据《灭火救援现场应急通信工作评分标准(试行)》规定,对于人员值守有哪些要求?

答 现场指挥部有通信人员全程值守,现场最高指挥员有专职通信人员随行保障,部消防局指挥中心紧急呼叫时,5 min 必须接通。

96. 根据《公安消防部队应急通信总体预案》要求,3 级火灾时,对应急通信保障力量的人员、车辆和装备编成有哪些要求,主要的任务有哪些?

答 支队应急通信保障分队和多个中队通信员随警出动,支队不少于 4 人,通信指挥车 1 辆。每个中队通信员不少于 1

人。通信指挥车(具有 3G/4G/卫星可视化通信能力)、超短波转信台、4G/3G/微波单兵图传设备,携带支队全勤指挥部成员所需超短波电台、卫星电话等。中队通信员按一、二级要求做好本级通信装备保障工作。

主要任务:(1)支队应急通信保障分队制定现场应急通信保障方案,落实职责任务,根据作战任务的变化情况,及时组织调整通信保障模式和人员分工;(2)以通信指挥车建立现场指挥部通信中心,组建无线通信三级网,将现场 3 路图像分不同场景上传到指挥中心,确保与指挥中心的音视频通信畅通,做好现场应急通信装备所需电源、电池的供应准备;(3)根据现场情况,增援支队应急通信保障分队做好本级应急通信装备准备工作。

97. 根据《公安消防部队应急通信总体预案》要求,4 级火灾时,对应急通信保障力量的人员、车辆和装备编成有哪些要求,主要的任务有哪些?

答 总、支队应急通信保障分队和多个中队通信员随警出动,总队不少于 6 人,通信指挥车 1 辆、装备运输车 1 辆。支队应急通信保障分队若干,每个分队不少于 4 人。通信指挥车应具有 3G/4G/卫星可视化通信能力,具有图像、语音综合管理平台、超短波转信台、4G/3G/微波单兵图传设备,携带全勤指挥部成员所需超短波电台、短波电台、卫星电话等音视频通信设备,指挥部所需应急通信装备,支队应急通信保障分队按要求做好本级通信装备保障工作。

主要任务:(1)总队应急通信保障分队制定现场应急通信保障方案,落实职责任务,根据作战任务的变化情况,及时组织调整通信保障模式和人员分工;(2)以总队通信指挥车建立和完善现场指挥部通信中心,搭建以图像、语音综合管理平台为支撑的应急通信网络,及时将现场不少于 3 路图像分不同场景上传到指挥中心,确保与指挥中心的音视频通信畅通,做好现场应急通信装备所需电源、电池的供应准备;(3)根据现场情况,增援总队应急通信保障分队做好本级应急通信装备准备工作。

98. 根据《公安消防部队应急通信总体预案》要求,5 级火灾时,对应急通信保障力量的人员、车辆和装备编成有哪些要求,主要的任务有哪些?

答 部消防局应急通信保障分队随警出动,部消防局不少于 3 人。总、支队应急通信保障分队若干,每个分队不少于 6 人,配备通信指挥车 1 辆、装备运输车 1 辆。通信指挥车应具有 3G/4G/卫星可视化通信能力,具有图像、语音综合管理平台、超短波转信台、4G/3G/微波单兵图传设备,携带全勤指挥部成员所需超短波电台、短波电台、POC 手机、卫星电话等音视频通信设备,指挥部所需应急通信装备。总队应急通信保障分队按要求做好本级通信装备保障工作。

主要任务:(1)部消防局应急通信保障分队组织制定现场应急通信保障方案,落实职责任务,根据作战任务的变化情况,及时组织调整通信保障模式和人员分工;(2)完善现场指挥部通信中心,搭建以图像、语音综合管理平台为支撑的应急通信网络,及时将现场不少于 4 路图像分不同场景上传到指挥中心,确保与指挥中心的音视频通信畅通,做好现场应急通信装备所需电源、电池的供应准备;(3)根据现场情况,增援总队应急通信保障分队做好本级应急通信装备准备工作。

99. 根据《公安消防部队应急通信总体预案》要求,2 级救援时,对应急通信保障力量的人员、车辆和装备编成有哪些要求,主要的任务有哪些?

答 支队应急通信保障分队和多个中队通信员随警出动,支队不少于 4 人,通信指挥车 1 辆。每个中队通信员不少于 1 人。通信指挥车具有 3G/4G/卫星可视化通信能力,具有超短波转信台、4G/3G/微波单兵图传设备,携带支队全勤指挥部成员所需超短波电台、卫星电话等,中队通信员按一、二级要求做好本级通信装备保障工作。

主要任务:(1) 支队应急通信保障分队制定现场应急通信保障方案,落实职责任务,根据作战任务的变化情况,及时组织调整通信保障模式和人员分工;(2) 以通信指挥车建立现场指挥部通信中心,组建无线通信三级网,将现场 3 路图像分不同场景上传到指挥中心,确保与指挥中心的音视频通信畅通,做好现场应急通信装备所需电源、电池的供应准备;(3) 根据现场情况,增援支队应急通信保障分队做好本级应急通信装备准备工作。

100. 根据《公安消防部队应急通信总体预案》要求,3 级救援时,对应急通信保障力量的人员、车辆和装备编成有哪些要求,主要的任务有哪些?

答 总、支队应急通信保障分队和多个中队通信员随警出动,总队不少于 6 人,通信指挥车 1 辆、装备运输车 1 辆。支队应急通信保障分队若干,每个分队不少于 4 人。通信指挥车具有 3G/4G/卫星可视化通信能力,具有图像、语音综合管理平台、超短波转信台、4G/3G/微波单兵图传设备,携带全勤指挥部成员所需超短波电台、短波电台、卫星电话等音视频通信设备,指挥部所需应急通信装备,支队应急通信保障分队按要求做好本级通信装备保障工作。

主要任务：(1)总队应急通信保障分队制定现场应急通信保障方案，落实职责任务，根据作战任务的变化情况，及时组织调整通信保障模式和人员分工；(2)以总队通信指挥车建立和完善现场指挥部通信中心，搭建以图像、语音综合管理平台为支撑的应急通信网络，及时将现场不少于3路图像分不同场景上传到指挥中心，确保与指挥中心的音视频通信畅通，做好现场应急通信装备所需电源、电池的供应准备；(3)根据现场情况，增援总队应急通信保障分队做好本级应急通信装备准备工作。

101. 根据《公安消防部队应急通信总体预案》要求，4级救援时，对应急通信保障力量的人员、车辆和装备编成有哪些要求，主要的任务有哪些？

答 部消防局应急通信保障分队随警出动，部消防局不少于3人。总、支队应急通信保障分队若干，每个分队不少于6人，通信指挥车1辆、装备运输车1辆。通信指挥车具有3G/4G/卫星可视化通信能力，具有图像、语音综合管理平台、超短波转信台、4G/3G/微波单兵图传设备，携带全勤指挥部成员所需超短波电台、短波电台、POC手机、卫星电话等音视频通信设备，指挥部所需应急通信装备，总队应急通信保障分队按要求做好本级通信装备保障工作。

主要任务：(1)部消防局应急通信保障分队组织制定现场应急通信保障方案、落实职责任务；(2)完善现场指挥部通信中心，搭建以图像、语音综合管理平台为支撑的应急通信网络，及时将现场不少于4路图像分不同场景上传到指挥中心，确保与指挥中心的音视频通信畅通，做好现场应急通信装备所需电源、电池的供应准备；(3)根据现场情况，增援总队应急通信保障分队做好本级应急通信装备准备工作。

第二篇

职业技能鉴定
操法（高级）（试行）

第一章

消防通信网络与业务系统管理

课目 1：路由器维护与操作

考核目的：

考察参考人员对路由器维护与操作的掌握情况。

场地器材：

信息中心机房，路由器（企业级）1 台，台式计算机 1 台（已安装超级终端），串口数据线、路由器配置手册，电脑 D 盘"路由器维护与操作"提供操作信息文档（包括路由器以太网接口的 IP、网关地址及掩码，局域网接口的 IP 和掩码，考核用计算机的 IP、网关和掩码，路由器现有登录用户名和密码、待更改用户名和密码、配置文件保存路径等）。

考核程序：

1. 当听到"检查器材"的口令后，参考人员检查考核器材。检查完毕，举手示意，喊"检查完毕"。

2. 当听到"开始"的口令后，参考人员根据操作信息文档设置计算机 IP 地址等内容，使用配置线、Web 或 Telnet 等方式登录路由器,配置路由器以太网接口、局域网接口 IP 地址、网关、掩码等,修改管理员用户名和密码,按指定路径备份配置文件。操作完毕后,举手喊"操作完毕"。

3. 当听到"考试结束"的口令后,参考人员立即停止操作,离开考场。

操作要求:

1. 正确配置 IP 地址及网关地址;

2. 正确修改 console 口管理员密码;

3. 正确备份配置参数;

4. 20 min 内完成全部操作。

成绩评定:

1. 计时从"开始"口令开始至参考人员喊"操作完毕"结束。20 min 计时铃响时,参考人员不得继续进行操作,否则不记取成绩;

2. 未正确配置计算机和各接口 IP 地址、网关及掩码等地址,错一项扣 15 分,共 60 分;

3. 未正确修改管理员用户名密码,扣 10 分;

4. 未正确备份配置参数,扣 30 分。

例:

Wan:192.168.100.120
255.255.255.128
192.168.100.126

考核路由器
Lan:172.172.0.1
255.255.255.252

考核计算机:172.172.0.2
255.255.255.252
172.172.0.1

修改路由器管理员用户名为cf,密码为119

考核路由器和计算机

操作文档：

1. 使用配置线连接企业路由器 console 口和考核电脑（台式机），如图所示。

2. 使用超级终端登录路由器。

使用 com3 口，波特率为 9600，登录密码为 Admin @ huawei. com。

3. 配置企业路由器的 IP。

静态 IP：192. 168. 100. 120；

子网掩码：255. 255. 255. 128；

默认网关：192. 168. 100. 126。

4. 配置企业路由器的 GE0/0/1 口。

IP 地址：172. 172. 0. 1；

子网掩码：255. 255. 255. 252。

5. 修改 console 口的管理密码为 Xiaofang@119。

6. 备份配置参数至 D 盘/路由器维护与操作文件夹，并以考生姓名命名。

7. 在 20 min 之内完成操作。

课目 2：服务器维护与操作

考核目的：

考察参考人员对服务器维护与操作的掌握情况。

场地器材：

计算机技能鉴定室，服务器 1 台（安装 windows server 系统和 SQL 数据库），台式计算机 1 台（可登录服务器）。计算机 D 盘"服务器维护与操作"文件夹中提供操作信息文档（包括服务器 IP、账号、密码，SQL 数据库账号、密码、需备份路径等）。

考核程序：

1. 当听到"检查器材"的口令后，参考人员检查考核器材。检查完毕，举手示意，喊"检查完毕"。

2. 当听到"开始"的口令后，参考人员远程登录服务器，重启 IIS 服务，完全备份 SQL 数据库，查询硬盘存储空间，查询系统日志，操作完毕后，举手喊"操作完毕"。

3. 当听到"考试结束"的口令后，参考人员立即停止操作，离开考场。

操作要求：

1. 正确远程登录服务器；

2. 正确重启 IIS 服务；

3. 正确备份 SQL 数据库；

4. 正确查询硬盘存储空间；

5. 正确查询系统日志；

6. 20 min 内完成全部操作。

成绩评定：

1. 计时从"开始"口令开始至参考人员喊"操作完毕"结束。20 min 计时铃响时，参考人员不得继续进行操作，否则不记取成绩；

2. 未正确远程登录服务器，不记取成绩；

3. 未正确重启 IIS 服务，扣 20 分；

4. 未正确备份 SQL 数据库，扣 40 分；

5. 未正确查询硬盘存储空间，扣 20 分；

6. 未正确查询系统日志，扣 20 分。

课目 3：防火墙（硬件式）维护与操作

考核目的：

考察参考人员对防火墙（硬件式）维护与操作的掌握情况。

场地器材：

信息中心机房，防火墙 1 台，台式计算机 1 台（可登录防火墙），防火墙配置手册，网线，电脑 D 盘"防火墙"提供操作信息文档（包括登录地址、账号和密码，需封闭端口号）。

考核程序：

1. 当听到"检查器材"的口令后，参考人员检查考核器材。检查完毕，举手示意，喊"检查完毕"。

2. 当听到"开始"的口令后，参考人员登录防火墙，查询系统日志；封闭指定端口及端口服务；查询访问列表、许可。操作完毕后，举手喊"操作完毕"。

3. 当听到"考试结束"的口令后，参考人员立即停止操作，离开考场。

操作要求：

1. 正确查询系统日志；

2. 正确封闭指定端口及端口服务；

3. 正确查询访问列表及许可并说明；

4. 15 min 内完成全部操作。

成绩评定：

1. 计时从"开始"口令开始至参考人员喊"操作完毕"结束。15 min 计时铃响时，参考人员不得继续进行操作，否则不记取成绩；

2. 未正确查询系统日志，扣 20 分；

3. 未正确封闭指定端口及端口服务,每项扣 20 分,共 40 分;

4. 未正确查询访问列表及许可并说明,扣 40 分;

操作文档:

1. 登录防火墙。

2. 防火墙管理地址为:192.168.0.1,账号为:Admin,密码为:Admin@123。

3. 查询系统日志。

4. 封闭 GE0/0/1 端口及其所有服务。

5. 查询访问列表、许可。并说明 192.168.1.0 此网段目前的访问状态。

6. 15 min 内完成全部操作。

课目 4:供电系统(在线式 UPS)

考核目的:

考察参考人员对供电系统维护与操作的掌握情况。

场地器材:

信息中心机房,在线式 UPS 电源 1 台。根据设备特点,提供操作内容与要求文档 1 份。

考核程序:

1. 当听到"检查器材"的口令后,参考人员检查考核器材。检查完毕,举手示意,喊"检查完毕"。

2. 当听到"开始"口令后,参考人员通过 UPS 的控制显示面板,查看市电供电模式下,UPS 的运行状态(包括市电输入电压、负载量、电池容量、电池温度、功率总和等);考评员切换供电方式为 UPS 供电模式,参考人员通过面板,查看电池放电剩余电量、可供电时间等;简述维护保养方法。操作完毕后,举手喊"操作完毕"。

3.当听到"考试结束"的口令后,参考人员立即停止操作,离开考场。

操作要求:

1.正确使用控制显示面板;

2.正确查看相关信息;

3.查看信息同时需口头汇报,声音清晰;

4.15 min 内完成全部操作。

成绩评定:

1.计时从"开始"口令开始至参考人员喊"操作完毕"结束。15 min 计时铃响时,参考人员不得继续进行操作,否则不记取成绩;

2.未正确使用控制面板,不记取成绩;

3.未正确查看相关信息,每有 1 项扣 10 分;

4.未正确回答维护保养方法,每有 1 处扣 10 分。

课目 5:视频会议系统 MCU 维护与操作

考核目的:

考察参考人员对视频会议系统 MCU 维护与操作的掌握情况。

场地器材:

电视电话会议室,MCU(宝利通)1 台,台式计算机 1 台(可登录 MCU)。电脑 D 盘"MCU 维护与操作"文件夹提供操作信息文档(包括 MCU 的登录地址、登录账号和密码,可组会会议终端地址 4 个,组建会议模板音频、视频格式及带宽要求)。

考核程序：

1. 当听到"检查器材"的口令后，参考人员检查考核器材。检查完毕，举手示意，喊"检查完毕"。

2. 当听到"开始"口令后，参考人员登录 MCU，查看该 MCU 的 IP 地址及网关地址；使用提供的终端地址和会议模板组建要求，建立 1 个名称为"MCU 测试"的包括 3 个终端的会议模板；使用该会议模板召开会议，选择 1 个终端主席发言，进行会议轮询；添加 1 个会议终端入会，入会后删除该终端；查询系统日志。操作完毕后，举手喊"操作完毕"。

3. 当听到"考试结束"的口令后，参考人员立即停止操作，离开考场。

操作要求：

1. 正确查看 MCU 的 IP 地址及网关地址；

2. 正确建立调用会议模板；

3. 正确设置主席发言和轮询；

4. 正确增加和删除会议终端；

5. 正确查询系统日志；

6. 20 min 内完成全部操作。

成绩评定：

1. 计时从"开始"口令开始至参考人员喊"操作完毕"结束。20 min 计时铃响时，参考人员不得继续进行操作，否则不记取成绩；

2. 未正确查看 IP 地址及网关地址，扣 10 分；

3. 未正确建立会议模板，扣 10 分；

4. 未正确使用模板召集会议，扣 10 分；

5. 未正确设置主席发言、轮询、增加或删除会议终端，每有 1 项扣 20 分；

6. 未正确查询系统日志,扣 10 分。

课目 6:短波电台维护与操作

考核目的:

考察参考人员对短波电台维护与操作的掌握情况。

场地器材:

模拟地震、建筑倒塌等训练设施,短波电台背负式 1 台、基地台(频率及 ID 号已设定)1 台,天线若干。频率表及设备 ID 号 1 份(注明考评员需检查定频通信及选呼通信时的频点),操作说明书 1 份,辅助人员 1 名。

考核程序:

1. 当听到"检查器材"的口令后,参考人员检查考核器材。检查完毕,举手示意,喊"检查完毕"。

2. 当听到"开始"的口令后,参考人员简述背负短波电台基本组成;正确架设(鞭状天线、斜拉天线、宽带天线)3 种天线,安装鞭状天线后开机;根据频率表配置背负短波电台相关数据;参考人员结合频率表中考评员的定频通信频率,建立与辅助人员的定频通信;结合频率表中辅助人员的选呼通信频率和 ID 号,建立与辅助人员的选呼通信;通信完成后删除设备的频率及 ID 号;设备关机并拆除设备恢复原样;简述维护保养方法,操作完毕后,举手喊"操作完毕"。

3. 当听到"考试结束"的口令后,参考人员立即停止操作,离开考场。

操作要求:

1. 正确简述电台组成;

2. 正确架设三种天线;

3. 正确配置相关数据;

4. 正确按照考核要求操作短波电台;

5. 正确简述维护保养方法;

6. 30 min 内完成全部操作。

成绩评定：

1. 计时从"开始"口令开始至参考人员喊"操作完毕"结束。30 min 计时铃响时,参考人员不得继续进行操作,否则不记取成绩;

2. 未正确简述电台组成,每少 1 项扣 10 分;

3. 未正确架设三种天线,每少 1 项扣 10 分;

4. 未正确配置相关数据,扣 10 分;

5. 未正确实现定频和选呼通信,每少 1 项扣 10 分;

6. 未正确删除设备的频率及 ID 号,每少 1 项扣 10 分;

7. 未正确关机并恢复原样,扣 10 分;

8. 未正确简述维护保养方法,扣 10 分。

课目 7：卫星便携站（手动对星）维护与操作

考核目的：

考察参考人员对卫星便携站维护与操作的掌握情况。

场地器材：

模拟地震、建筑倒塌等训练设施,卫星便携站 1 套(手动、未组装)、笔记本计算机 1 台(IP 地址在卫星网段),数据线若干;提供纸质说明文档 1 份(包括部局 MCU、卫星网管服务器的 IP 地址,便携站 CDM－570L、CMR－5975 的 IP 地址、登录账号和密码,部局网管中心、指挥中心联系电话等);指挥中心配合。

考核程序：

1. 当听到"检查器材"的口令后,参考人员检查考核器材。

检查完毕,举手示意,喊"检查完毕"。

2.当听到"开始"的口令后,参考人员简述卫星便携站组成;搭建卫星便携站;对星入网;连接计算机,使用 Ping 命令(与部局 MCU、卫星网管服务器进行连通性测试)判断卫星设备是否注册上线成功;使用 Telnet 或 Web 方式登录到 CDM-570L,打开 Vipersat Configuration 菜单查看 IP 地址和注册状态;使用 Telnet 或 Web 方式登录到 CMR-5975,查看接收信号强度;联系部局网管中心,申请带宽;联系指挥中心组建会议,收听收看正常;简述维护保养方法。操作完毕后,举手喊"操作完毕"。

3.当听到"考试结束"的口令后,参考人员立即停止操作,离开考场。

操作要求:

1.正确掌握卫星便携站组成和基本功能(应包含 CDM-570L、CMR-5975、华平会议终端、天线、功放、LNB 等);

2.搭建卫星便携站;

3.正确对星入网;

4.正确查看 CDM-570L 的 IP 地址与注册状态;

5.正确查看 CMR-5975 的接收信号强度;

6.正确组建会议,收听收看正常;

7. 25 min 完成所有操作。

成绩评定:

1.计时从"开始"口令开始至参考人员喊"操作完毕"结束。25 min 计时铃响时,参考人员不得继续进行操作,否则不记取成绩;

2.未正确搭建卫星便携站,扣 10 分;

3.未正确对星入网,扣 10 分;

4. 未正确使用 PING 命令测试设备是否注册上线成功,扣 10 分;

5. 未正确使用 Web 或 Telnet 查看 CDM-570L 的 IP 地址及注册状态,扣 10 分;

6. 未正确使用 Web 或 Telnet 查看 CMR-5975 接收信号强度,扣 10 分;

7. 未正确组建会议,收听收看不正常,扣 20 分;

8. 单手提抓馈源头,扣 10 分;线缆接头触地,扣 10 分;扣完为止;

9. 操作失误造成器材损坏,不计成绩。

操作文档:

1. 正确搭建卫星便携站。

2. 对星入网。

3. 使用 PING 命令测试设备是否注册上线成功。

4. 使用 Web 或 Telnet 查看 CDM-570L 的 IP 地址及注册状态。

5. 使用 Web 或 Telnet 查看 CMR-5975 接收信号强度。

6. 25 min 完成所有操作。

课目 8:3G(POC)对讲机操作与组网

考核目的:

考察参考人员对 3G(POC)对讲机操作与组网的掌握情况。

场地器材:

模拟地震、建筑倒塌等训练设施,3G(POC)手持终端 2 部(电池、sim 卡拆除),呼频表(标注通信组 1、组 2),指挥员手持 3G(POC)对讲终端 1 部。辅助人员若干名。

考核程序：

1. 当听到"检查器材"的口令后，参考人员检查考核器材。检查完毕，举手示意，喊"检查完毕"。

2. 当听到"开始"的口令后，参考人员安装好 SIM 卡、电池、开机供电，调节音量大小、入网注册、按要求进行语音通信联络。操作完毕后，举手喊"操作完毕"。

3. 当听到"考试结束"的口令后，参考人员立即停止操作，离开考场。

操作要求：

1. 设备正常开机、成功入网注册；

2. 通信组选择正确；

3. 通信畅通，通话清晰；

4. 通信用语规范；

5. 严守通信规则；

6. 10 min 内完成全部操作。

成绩评定：

1. 计时从"开始"口令开始至参考人员喊"操作完毕"结束。10 min 计时铃响时，参考人员不得继续进行操作，否则不记取成绩；

2. 设备无法开机、无法入网注册服务器不记取成绩；

3. 通信组选择错误扣 30 分；

4. 通信不畅或通话不清晰扣 20 分；

5. 通信用语不规范，每有一处扣 10 分；

6. 违反通信规则扣 10 分。

课目 9：基础通信设备常见故障排除

考核目的：

考察参考人员对基础通信设备常见故障排除的掌握情况。

场地器材：

信息中心机房，计算机技能鉴定室，电视电话会议室，模拟地震、建筑倒塌等训练设施，台式计算机 1 台（装有写频软件），110 电话配线架及电话各 1 个（已接电话网络），350 M 转信台1 台，350 M 常规手持台 2 台，平板式卫星电话 1 套，短波背负式和基地台各 1 台，电脑 D 盘"基础通信设备常见故障排除"文件夹内提供操作信息文档（电话号码表、配线表 1 份；路由器登录地址和账号密码、外联口 IP；服务器登录地址和账号密码、会议终端登录地址和账号密码、短波电台 ID 码和信道表、350 M 电台频点表）。

故障设置：

1. 电话号码错误；

2. 路由器外联口 IP 地址配置错误；

3. 服务器 IIS 服务停止；

4. 会议终端 IP 地址配置错误；

5. 短波电台背负台未设置基地台信道扫描表；

6. 350 M 转信台信道收、发频率写反；

7. 卫星电话的话机与接口连接错误。

根据实际情况，自行设置故障。

考核程序：

1. 当听到"检查器材"的口令后，参考人员检查考核器材。检查完毕，举手示意，喊"检查完毕"。

2. 当听到"开始"的口令后,参考人员通过话机查询本机逻辑号码(此时为错误号码),并报告考评员。根据提供的号码和110配线架配线表,调整到正确配线,并再次查询逻辑号码确认;排除路由器、服务器设备出现的故障;为会议终端配置正确的IP地址;操作背负式短波电台用"选呼"方式呼叫基地台,无法呼通时,排除故障,直到能正常呼叫;将350 M转信台和常规手持台调至统一双频信道进行通信,出现无法通信,排除350 M转信台故障,直到2台350 M常规手持台能互通;排除平板卫星电话话机接线错误;每项操作完成,喊"操作完毕",全部操作完毕后,举手喊"全部操作完毕"。

3. 当听到"考试结束"的口令后,参考人员立即停止操作,离开考场。

操作要求:

1. 正确查询逻辑号码,并排除配线架接线错误;

2. 正确排除路由器故障;

3. 正确排除服务器故障;

4. 正确配置会议终端地址;

5. 正确排除短波电台通话故障;

6. 正确排除350 M转信台故障;

7. 正确排除卫星电话故障;

8. 40 min内完成全部操作(时间不够,可选择几项实施)。

成绩评定:

1. 计时从"开始"口令开始至参考人员喊"操作完毕"结束。40 min计时铃响时,参考人员不得继续进行操作,否则不记取成绩;

2. 未正确查询逻辑号码,未排除配线架接线错误,每有1项扣10分;

3. 未正确排除路由器故障,扣 20 分;

4. 未正确排除服务器故障,扣 10 分;

5. 未正确配置会议终端地址,扣 20 分;

6. 未正确排除短波电台通话故障,扣 10 分;

7. 未正确排除 350 M 转信台故障,扣 10 分;

8. 未正确排除卫星电话故障,扣 10 分。

第二节　消防业务信息系统管理

课目 1:消防业务信息系统时钟同步维护

考核目的:

考察参考人员对消防业务系统时钟同步维护方法的掌握情况。

场地器材:

计算机技能鉴定室,计算机 1 台(可登录消防综合业务系统),计算机 D 盘"消防业务系统时钟同步维护"文件夹内提供操作信息文档(公安部消防局 DNS 服务器 IP 地址为 10.200.192.92)。

考核程序:

1. 当听到"检查器材"的口令后,参考人员检查考核器材。检查完毕,举手示意,喊"检查完毕"。

2. 当听到"开始"的口令后,参考人员访问计算机桌面,进入 windows"日期和时间属性"界面,设置日期属性里面的服务器地址,运行相关命令,启动时间服务;操作完毕后,举手喊"操作完毕"。

3. 当听到"考试结束"的口令后,参考人员立即停止操作,离开考场。

操作要求:

1. 正确设置自动与 Internet 时间服务器同步;

2. 正确设置时钟服务器地址;

3. 正确运行相关命令;

4. 正常同步时间服务器时钟;

5. 10 min 内完成全部操作。

成绩评定:

1. 计时从"开始"口令开始至参考人员喊"操作完毕"结束。10 min 计时铃响时,参考人员不得继续进行操作,否则不记取成绩;

2. 未正确设置自动与 Internet 时间服务器同步,扣 20 分;

3. 未正确设置时钟服务器地址,扣 30 分;

4. 未正确运行相关命令、启动时间服务,每项扣 20 分,共扣 40 分;

5. 未正常同步时间服务器时间,扣 10 分。

操作文档:

1. 正确设置自动与 Internet 时间服务器同步;

2. 正确设置时钟服务器地址为 10.200.192.92;

3. 正确运行相关命令打开计算机服务并启动其中的 windows time 服务;

4. 完成同步时间服务器时钟步骤;

5. 10 min 内完成全部操作。

课目 2：消防综合业务系统维护与管理

考核目的：

考察参考人员对消防综合业务系统维护与管理的掌握情况。

场地器材：

计算机技能鉴定室，计算机 1 台（可登录消防综合业务系统），计算机 D 盘"消防综合业务系统维护与管理"文件夹内提供操作信息文档（系统管理员账号和密码、1 个系统角色名称和权限、1 个业务审批流程、1 个单位考勤人员名单和考勤时间、1 个通知、1 个工作单位隶属关系、1 个非现役人员信息和角色名称等）。

考核程序：

1. 当听到"检查器材"的口令后，参考人员检查考核器材。检查完毕，举手示意，喊"检查完毕"。

2. 当听到"开始"的口令后，参考人员登录消防综合业务管理系统，进入"系统维护"用提供的操作信息文档新增 1 个系统角色并分配系统权限；新增 1 个业务审批流程；设置指定单位考勤人员和时间；查询系统日志；在"通知通告"栏添加通知；进入"OSM 管理"，调整指定工作单位隶属关系并审核；在该单位新增 1 个非现役人员，设置人员角色名称，查看操作日志；操作完毕后，举手喊"操作完毕"。

3. 当听到"考试结束"的口令后，参考人员立即停止操作，离开考场。

操作要求：

1. 正确设置系统角色；

2. 正确分配系统权限；

3. 正确新增业务审批流程；

4. 正确设置考勤人员和时间；

5. 正确查询系统日志；

6. 正确添加通知；

7. 正确调整工作单位隶属关系；

8. 正确新增非现役人员；

9. 正确设置人员角色名称；

10. 正确查看操作日志；

11. 30 min 内完成全部操作。

成绩评定：

1. 计时从"开始"口令开始至参考人员喊"操作完毕"结束。30 min 计时铃响时，参考人员不得继续进行操作，否则不记取成绩；

2. 未正确设置系统角色和权限，扣 10 分；

3. 未正确设置业务审批流程，扣 10 分；

4. 未正确设置考勤人员和时间，扣 10 分；

5. 未正确查询系统日志，扣 10 分；

6. 未正确添加通知，扣 10 分；

7. 未正确调整工作单位隶属关系，扣 10 分；

8. 未正确新增非现役人员，扣 10 分；

9. 未正确同步工作单位和非现役人员数据，每有 1 项扣10 分；

10. 未正确设置人员角色名称，扣 10 分；

11. 未正确查看操作日志，扣 10 分。

课目3：消防综合业务系统数据备份

考核目的：

考察参考人员对消防综合业务系统数据备份的掌握情况。

场地器材：

计算机技能鉴定室，计算机1台（可远程登录消防综合业务系统应用服务器），计算机D盘"消防综合业务系统数据备份维护与管理"文件夹内提供操作信息文档（备份文件路径：D:\\NCISoft\\ZHYWPT）。

考核程序：

1. 当听到"检查器材"的口令后，参考人员检查考核器材。检查完毕，举手示意，喊"检查完毕"。

2. 当听到"开始"的口令后，参考人员远程登录消防综合业务管理系统应用服务器，进入服务器D盘NCISoft目录，对ZHYWPT文件夹进行数据备份，检查备份文件大小、占用空间和包含参数等是否与原文件一致，重启服务正常启动；操作完毕后，举手喊"操作完毕"。

3. 当听到"考试结束"的口令后，参考人员立即停止操作，离开考场。

操作要求：

1. 正确设置远程登录命令；

2. 正确停止、恢复WWW服务；

3. 正确备份数据文件；

4. 10 min内完成全部操作。

成绩评定：

1. 计时从"开始"口令开始至参考人员喊"操作完毕"结束。

10 min 计时铃响时,参考人员不得继续进行操作,否则不记取成绩;

2. 未正确设置远程登录命令,扣 20 分;

3. 未正确停止、恢复 WWW 服务,各扣 30 分,共 60 分;

4. 未正确备份数据文件,扣 20 分。

操作文档:

1. 正确使用远程登录命令远程登录 10.32.62.51 服务器,服务器管理密码为 Xiaofang@;

2. 正确停止 WWW 服务;

3. 进入服务器 D 盘 NCISoft 目录,新建一个"备份文件"文件夹,将 ZHYWPT 文件夹进行数据备份,检查备份文件大小、占用空间和包含参数等是否与原文件一致;

4. 正确重新启动 WWW 服务;

5. 10 min 内完成全部操作。

第二章
音视频系统与应急通信管理

课目 1：指挥视频系统（华平）维护与管理

考核目的：

考察参考人员对指挥视频系统结构组成、系统配置、数据维护与设备保养的掌握情况。

场地器材：

模拟通信指挥中心，远端 MCU 服务器 1 台在线，远端视频终端 1 台在线，视频终端 1 台，台式计算机 1 台（可登录远端 MCU），电脑 D 盘"指挥视频系统维护与管理"文件夹提供操作信息文档（包括 MCU 服务器 IP 地址、登录账号和密码，远端视频终端名称，指挥终端需设置的设备账号、用户账号和密码，指挥终端需设置 IP 地址及网关，视频分辨率格式及码流要求等）。

考核程序：

1. 当听到"检查器材"的口令后，参考人员检查考核器材。检查完毕，举手示意，喊"检查完毕"。

2. 当听到"开始"的口令后，Web 登录 MCU 管理平台，在管理平台为指挥终端分别建立1个"设备账号"和1个"用户账号",并为用户账号授权图像资源权限;为指挥终端配置 IP 地址、网关,在终端上设置所建立的设备账号与用户账号;将指挥终端视频码流设置为1 M,分辨率设置为1920×1080;指挥终端登录 MCU;组建和远端视频终端的小组会议;修改会议显示模板,将二号屏模板设置为第一排第三个;在二号屏显示本地和远端图像,并分别对两个终端的音视频图像进行广播实现对讲;简述指挥视频系统维护保养办法。操作完毕后,举手喊"操作完毕"。

3. 当听到"考试结束"的口令后,参考人员立即停止操作,离开考场。

操作要求:

1. 正确在 MCU 上建立账号信息并授权;

2. 正确在指挥终端上配置 IP、设备账号、用户账号;

3. 正确设置视频码流、分辨率参数;

4. 正确建立小组会议;

5. 进入会议后正确设置会议显示模板;

6. 在二号屏正确显示两个终端图像,并广播音视频;

7. 正确简述指挥视频系统保养方法;

8. 30 min 内完成全部操作。

成绩评定:

1. 计时从"开始"口令开始至参考人员喊"操作完毕"结束。30 min 计时铃响时,参考人员不得继续进行操作,否则不记取成绩;

2. 未正确在 MCU 上建立账号信息并授权,扣10分;

3. 未正确在指挥终端上配置 IP、设备账号、用户账号,每有1项扣10分;

4. 未正确设置视频码流、分辨率参数,扣 10 分;

5. 未正确建立小组会议,扣 10 分;

6. 进入会议后未正确设置会议显示模板,扣 10 分;

7. 未正确显示两个终端图像,广播音视频,每有 1 项扣 10 分;

8. 未正确简述指挥视频系统维护保养方法,扣 10 分。

课目 2:指挥视频系统(华平)操作与使用

考核目的:

考察参考人员对指挥视频系统结构组成、系统配置、数据维护与设备保养的掌握情况。

场地器材:

模拟通信指挥中心,远端视频终端 1 台在线,视频终端 1 台,操作信息文档(包括设备 IP 信息、登录账号密码、远端视频名称,操作要求)。

考核程序:

1. 当听到"检查器材"的口令后,参考人员检查考核器材。检查完毕,举手示意,喊"检查完毕"。

2. 当听到"开始"的口令后,通过图像综合管理平台登录已经授权的用户账户,为指挥终端配置 IP 地址、网关,在终端上登录设备账号与用户账号,并正确设置音视频参数,组建和远端视频终端的小组会议;修改会议显示模板,将会议模板设置为第一排第三个;在二号屏显示本地和远端图像,并广播两个终端的音视频实现图像、语音传输。操作完毕后,举手喊"操作完毕"。

3. 当听到"考试结束"的口令后,参考人员立即停止操作,离开考场。

操作要求：

1. 正确配置终端地址和音视频参数；

2. 正确选择会议模板；

3. 正确建立会议；

4. 收听收看图像、语音清晰、清楚；

5. 20 min 内完成全部操作。

成绩评定：

1. 计时从"开始"口令开始至参考人员喊"操作完毕"结束。20 min 计时铃响时，参考人员不得继续进行操作，否则不记取成绩；

2. 未正确配置终端地址和音、视频参数，每缺一项扣 20 分，共 60 分；

3. 未正确选择会议模板，扣 10 分；

4. 未正确建立会议，扣 10 分；

5. 图像不清晰、声音不清楚，每项扣 10 分，共 20 分。

操作文档：

1. 配置会议终端 IP 地址

IP 地址为 10.32.62.25，子网掩码：255.255.255.192，网关：10.32.62.62。

2. 登录会议终端

登录服务器地址 10.32.61.22，登录账号 js0010@js.xf，登录密码 123。

3. 设置本地音视频参数，保证本地声音图像正常。

4. 建立 1 个名称为"会议系统维护和管理"的包括本地、南京支队指挥中心、常州支队指挥中心、无锡支队指挥中心 4 个终端的会议模板。

5. 使用该会议模板召开会议并与徐州支队进行音视频测

试:"徐州支队,徐州支队,我是南京消防士官学校,现在进行音视频测试,请问声音图像是否正常?"

6. 更换会议模板并结束会议。

7. 20 min 内完成全部操作。

如下图所示为会议模版。

会议模版

课目3:视频会议系统(宝利通)维护与管理

考核目的:

考察参考人员对视频会议系统结构组成、系统配置、数据维护与设备保养的掌握情况。

场地器材:

电视电话会议室,MCU 1 台,终端 1 台及配套音视频设备,台式计算机 1 台(可登录会议系统),电脑 D 盘"视频会议系统维护与管理"文件夹提供操作信息文档（包括 MCU 的登录地址、登录账号和密码，终端登录账号和密码、终端需设置地址 1 个，可组会会议终端地址 3 个，组建会议模板音频、视频格式及带宽要求），配置线、网络连接线若干，路由器一个。

考核程序：

1. 当听到"检查器材"的口令后，参考人员检查考核器材。检查完毕，举手示意，喊"检查完毕"。

2. 当听到"开始"口令后，参考人员简述会议系统的组成和功能；使用遥控器和显示器配置会议终端 IP 地址并按照会议模板要求设置终端音视频参数；登录 MCU，对终端进行授权；使用提供的终端地址和会议模板要求，建立 1 个名称为"会议系统维护和管理"的包括 4 个终端的会议模板；使用该会议模板召开会议；结束会议并删除模板；查询系统日志；简述会议视频系统维护保养方法。操作完毕后，举手喊"操作完毕"。

3. 当听到"考试结束"的口令后，参考人员立即停止操作，离开考场。

操作要求：

1. 正确掌握会议系统的组成（应包括 MCU、视频终端、网络等）；

2. 正确配置终端地址参数；

3. 正确对终端授权；

4. 正确建立、调用、删除会议模板；

5. 正确查询系统日志；

6. 正确掌握视频会议系统保养方法；

7. 30 min 内完成全部操作。

成绩评定：

1. 计时从"开始"口令开始至参考人员喊"操作完毕"结束。

30 min 计时铃响时,参考人员不得继续进行操作,否则不记取成绩;

2. 未正确掌握会议系统组成,每缺 1 项扣 10 分;

3. 未正确配置终端地址、参数,每缺 1 项扣 10 分;

4. 未正确对终端授权,扣 10 分;

5. 未正确建立、调用、删除会议模板,每缺 1 项扣 10 分;

6. 未正确查询系统日志,扣 10 分;

7. 未正确掌握视频会议系统保养方法,每少 1 项扣 10 分。

课目 4:3G 图传系统维护与管理

考核目的:

考察参考人员对 3G 图传系统结构组成、系统配置、数据维护与设备保养的掌握情况。

场地器材:

模拟高层、地下、石油化工、易燃易爆、隧道等设施,远端 MCU 服务器、指挥终端各 1 台在线,3G 车载终端 1 台,台式电脑 1 台,电脑 D 盘"3G 图传系统维护与管理"文件夹提供操作信息文档(3G 车载终端登录服务器地址、用户账号、密码,3G 车载终端拨号上网账号及设备账号和密码、后方指挥中心联系电话等)。

考核程序:

1. 当听到"检查器材"的口令后,参考人员检查考核器材。检查完毕,举手示意,喊"检查完毕"。

2. 当听到"开始"的口令后,参考人员正确配置车载终端登录地址、用户账号、密码,正确配置 3G 车载设备拨号上网账号、设备账号和密码;3G 车载设备成功登录 MCU 后,联系后方指挥中心建会,实现 3G 车载终端与指挥终端音视频交互;简述 3G 图传系统维护方法。操作完毕后,举手喊"操作完毕"。

3. 当听到"考试结束"的口令后,参考人员立即停止操作,离开考场。

操作要求:

1. 正确配置 3G 车载终端账号等相关参数;

2. 正确操作 3G 车载终端与指挥终端进会进行音视频交互;

3. 正确掌握 3G 图传系统维护保养方法;

4. 20 min 内完成全部操作。

成绩评定:

1. 计时从"开始"口令开始至参考人员喊"操作完毕"结束。20 min 计时铃响时,参考人员不得继续进行操作,否则不记取成绩;

2. 未正确配置 3G 车载终端账号等相关参数,每有一项扣10 分;

3. 未正确操作 3G 车载终端与指挥终端进会进行音视频交互,图像、声音每有一项不正常扣 20 分;

4. 未正确掌握 3G 图传系统维护保养方法,扣 10 分。

课目 5:视频监控系统维护与管理

考核目的:

考察参考人员对视频监控系统结构组成、系统配置、数据维护与设备保养的掌握情况。

场地器材:

计算机技能鉴定室,远端监控平台在线,NVR 1 台,网络摄像机1台,计算机1台(已安装监控软件),电脑D盘"视频监控系统维护与管理"文件夹提供操作信息文档(包括平台登录账号和密码、NVR和摄像机需配置IP地址、NVR配置手册)。

考核程序:

1. 当听到"检查器材"的口令后,参考人员检查考核器材。检查完毕,举手示意,喊"检查完毕"。

2. 当听到"开始"的口令后,参考人员配置NVR、网络摄像机IP地址;对网络摄像机、NVR逐级入网,通过监控平台对NVR进行入网授权;使用计算机登录监控平台调取摄像头图像;建立与考评员席位视频监控的通信链路;备份监控平台配置信息;简述视频监控系统保养方法,操作完毕后,举手喊"操作完毕"。

3. 当听到"考试结束"的口令后,参考人员立即停止操作,离开考场。

操作要求:

1. 正确配置NVR、网络摄像机IP地址;

2. 正确入网和授权;

3. 正确调取监控图像;

4. 正确建立与考评员席位视频监控的通信链路;

5. 正确备份平台参数;

6. 正确简述视频监控系统保养方法;

7. 30 min内完成全部操作。

成绩评定:

1. 计时从"开始"口令开始至参考人员喊"操作完毕"结束。30 min计时铃响时,参考人员不得继续进行操作,否则不记取成绩;

2. 未正确配置NVR、网络摄像机IP地址,每有1项扣10分;

3. 摄像机未正确接入 NVR,扣 10 分;

4. NVR 未正确接入平台,扣 10 分;

5. 未正确调取监控图像,扣 10 分;

6. 未正确建立与考评员席位监控的通信链路,扣 10 分;

7. 未正确备份平台参数,扣 10 分;

8. 未正确简述视频监控系统保养方法,扣 10 分。

课目 6:图像综合管理平台维护与管理

考核目的:

考察参考人员对图像综合管理平台结构组成、系统配置、数据维护与设备保养的掌握情况。

场地器材:

模拟通信指挥中心,远端 MCU 服务器、视频网关服务器、流媒体分发服务器各 1 台在线,指挥终端 1 台,台式计算机 1 台(含服务器连接工具可登录各服务器)。电脑 D 盘"图像综合管理平台维护与管理"文件夹提供操作信息文档(包括连接 MCU 服务器、视频网关服务器、流媒体分发服务器的地址、账号和密码,MCU 服务器 Web 登录的账号、密码,服务器操作常用命令手册,需查看关键服务名称)。

考核程序:

1. 当听到"检查器材"的口令后,参考人员检查考核器材。检查完毕,举手示意,喊"检查完毕"。

2. 当听到"开始"的口令后,参考人员简述 MCU 服务器、视频网关服务器、流媒体分发服务器、视频终端在图像综合管理平台中的作用。使用电脑,通过连接工具连接 MCU 服务器、视频网关服务器、流媒体分发服务器,查看各服务器的 IP 地址及网关地址、关键服务运行情况、系统资源占用情况,备份 MCU 服务器数据库到电脑桌面;Web 登录 MCU 管理平台,查看各服务器激活状态。简述图像综合管理平台系统维护保养方法,操作完毕后,举手喊"操作完毕"。

3. 当听到"考试结束"的口令后,参考人员立即停止操作,离开考场。

操作要求:

1. 正确查看各服务器 IP 地址;

2. 正确查看服务器各关键服务;

3. 正确查看服务器资源占用情况;

4. 正确备份 MCU 服务器数据库;

5. 正确登录 MCU 管理平台,查看各服务器激活状态;

6. 正确掌握 MCU 服务器、视频网关服务器、流媒体分发服务器、视频终端在图像综合管理平台中的作用和图像综合管理平台维护方法;

7. 45 min 内完成全部操作。

成绩评定:

1. 计时从"开始"口令开始至参考人员喊"操作完毕"结束。45 min 计时铃响时,参考人员不得继续进行操作,否则不记取成绩;

2. 未正确查看服务器 IP 地址,每有 1 项扣 10 分;

3. 未正确查看服务器关键进程,每有 1 项扣 10 分;

4. 未正确查看服务器资源占用情况,每有 1 项扣 10 分;

5. 未正确备份 MCU 服务器数据库,扣 10 分;

6. 未正确登录 MCU 管理平台,查看各服务器激活状态,每有 1 项扣 10 分；

7. 未正确掌握 MCU 服务器、视频网关服务器、流媒体分发服务器、视频终端在图像综合管理平台中的作用和图像综合管理平台维护方法，每有 1 项扣 10 分。

课目 7：语音综合管理平台维护与管理

考核目的：

考察参考人员对语音综合管理平台结构组成、建立通信连接、查询语音备份与设备保养的掌握情况。

场地器材：

远端指挥中心语音平台 1 套（在线），计算机 1 台（可以登录语音平台），语音综合管理平台 1 台，电脑 D 盘"语音综合管理平台维护与管理"文件夹提供操作信息文档（指挥调度网 IP 地址 1 个、各设备登录账号密码），设备连接线若干。

考核程序：

1. 当听到"检查器材"的口令后，参考人员检查考核器材。检查完毕，举手示意，喊"检查完毕"。

2. 当听到"开始"的口令后，参考人员开始搭建语音综合管理平台；使用电脑配置 CMP4 及 DSP－2 板卡参数；建立与远端指挥中心平台的 350 M 通信链路并通话，通话完毕断开连接；操作完毕后，举手喊"操作完毕"。

3. 当听到"考试结束"的口令后，参考人员立即停止操作，离开考场。

操作要求：

1. 正确搭建语音综合管理平台与其附属设备的连接；

2. 正确配置板卡相应参数；

3. 正确建立与远端指挥中心平台的 350 M 通信链路并通话；

4. 正确断开连接；

5. 30 min 内完成全部操作。

成绩评定：

1. 计时从"开始"口令开始至参考人员喊"操作完毕"结束。30 min 计时铃响时，参考人员不得继续进行操作，否则不记取成绩；

2. 未能连接语音综合管理平台与超短波电台，扣 10 分；

3. 未能建立与远端指挥中心平台的 350 M 通信链路并通话，扣 10 分；

4. 未能设定 CMP4 模块参数，扣 15 分；

5. 未能设定 DSP‑2 模块参数，扣 15 分；

6. 未能配置路由器，扣 10 分；

7. 线缆接头触地，扣 10 分；热插拔，扣 10 分；线缆连接错误，扣 10 分；未使用软件重启路由器，扣 5 分；蛮力操作，扣 5 分；

8. 操作失误造成器材损坏，不计成绩。

操作文档：

1. 连接语音综合管理平台与超短波电台；

2. 设定 CMP4 模块参数；

3. 设定 DSP‑2 模块参数；

4. 配置路由器；

5. 建立与远端指挥中心平台的 350 M 通信链路并通话；

6. 30 min 完成所有操作。

第二节　应急通信组织

课目1：现场指挥网组网操作

考核目的：

考察参考人员对现场指挥网通信组网方法的掌握情况。

场地器材：

模拟地震、建筑倒塌等训练设施，短波电台背负式1台，车载台(通信指挥车)、手持台、固定台、转信台及相关设备，频率表1份，辅助人员若干名。

考核程序：

1. 当听到"检查器材"的口令后，参考人员检查考核器材。检查完毕，举手示意，喊"检查完毕"。

2. 当听到"开始"的口令后，参考人员选址架设转信台；依托(通信指挥车)与指挥中心进行收发通信(一级网)；模拟指挥长与大(中)队指挥员进行收发测试(二级网)；模拟指挥长与全勤指挥部其他成员进行收发测试(二级网或备用指挥网)。操作完毕后，举手喊"操作完毕"。

3. 当听到"考试结束"的口令后，参考人员立即停止操作，离开考场。

操作要求：

1. 正确选择频道；

2. 通信规则熟悉；

3. 通信用语规范；

4. 通信畅通，声音清晰；

5. 转信台架设合理、有防雷接地措施；

6. 15 min 内完成全部操作。

成绩评定：

1. 计时从"开始"口令开始至参考人员喊"操作完毕"结束。15 min 计时铃响时，参考人员不得继续进行操作，否则不记取成绩；

2. 频道选择错误扣 10 分；

3. 通信规则不熟悉扣 10 分；

4. 通信用语不规范，每有一处扣 5 分；

5. 通信不畅或通话不清晰，每一个环节扣 15 分；

6. 转信台架设不合理、无防雷接地措施扣 15 分。

课目 2：通信指挥车维护与操作

考核目的：

考察参考人员对通信指挥车维护与操作的掌握情况。

场地器材：

模拟高层、地下、石油化工、易燃易爆、隧道等设施，通信指挥车 1 辆（动中通或静中通），提供纸质文档（IP 电话号码表、常规手台频点表 1 份）。

考核程序：

1. 当听到"检查器材"的口令后，参考人员检查考核器材。检查完毕，举手示意，喊"检查完毕"。

2. 当听到"开始"的口令后，参考人员发动通信指挥车，启动发电机，开启 UPS 电源，打开有线通信设备、无线通信设备、音视频设备和广播音响设备；将车载 350M 电台调整到相应频点与指定手台进行通信；卫星设备上线，通过卫星链路使用通信指挥车 IP 电话与指定 IP 电话进行通信;打开随车单兵设备,测试广播音响,通过车内麦克风与单兵操作人员对话,将采集的图像通过车内矩阵切换到车载显示屏上;调整车外摄像机高度,并推拉摇移;使用外接电源供电,关闭发电机;打开照明设备并调整方向;最后简述维护保养方法。操作完毕后,举手喊"操作完毕"。

3. 当听到"考试结束"的口令后,参考人员立即停止操作,离开考场。

操作要求:

1. 正确发动通信指挥车;

2. 正确开启 UPS 电源;

3. 正确启动发电机;

4. 正确打开有线通信设备、无线通信设备、音视频设备和广播音响设备;

5. 正确操作卫星设备上线;

6. 正确进行 IP 电话、无线电台通信;

7. 正确测试广播音响;

8. 正确演示音视频矩阵切换;

9. 正确调整车外摄像机高度;

10. 正确外接电源和关闭发电机;

11. 正确打开照明设备并调整方向;

12. 正确简述维护保养方法;

13. 30 min 内完成全部操作。

成绩评定:

1. 计时从"开始"口令开始至参考人员喊"操作完毕"结束。30 min 计时铃响时,参考人员不得继续进行操作,否则不记取成绩;

2. 未正确发动通信指挥车,扣10分;

3. 未正确启动发电机,扣10分;

4. 未正确开启UPS电源,扣10分;

5. 未正确打开有线通信设备、无线通信设备和音视频设备,每有1项扣5分;

6. 未正确开启卫星设备,扣10分;

7. 未正确进行IP电话、无线电台通信,每有1项扣5分;

8. 未正确测试广播音响,扣10分;

9. 未正确演示音视频矩阵切换,扣5分;

10. 未正确调整车外摄像机高度,扣10分;

11. 未正确使用外接电源和关闭发电机,每有1项扣10分;

12. 未正确打开照明设备并调整方向,扣5分;

13. 未正确简述维护保养方法,扣10分。

课目3:卫星便携站双流操作

考核目的:

考察参考人员对卫星便携站双流操作的掌握情况。

场地器材:

模拟高层、地下、石油化工、易燃易爆、隧道等设施,卫星便携站、笔记本电脑、便携发电机及相关设备,通信文档1份。

考核程序:

1. 当听到"检查器材"的口令后,参考人员检查考核器材。检查完毕,举手示意,喊"检查完毕"。

2. 当听到"开始"的口令后,参考人员架设天线、连接设备、加电运行、寻星调整、建立卫星通信链路、发布双流图像。操作完毕后,举手喊"操作完毕"。

3. 当听到"考试结束"的口令后,参考人员立即停止操作,离开考场。

操作要求:

1. 正确掌握卫星便携站组成和基本功能(应包含 CDM－570L、CMR－5975、华平会议终端、天线、功放、LNB 等);

2. 正确搭建卫星便携站,对星入网,组建会议;

3. 正确使用卫星电话申请链路;

4. 正确上传双流图像;

5. 通信用语规范;

6. 20 min 内完成全部操作。

成绩评定:

1. 计时从"开始"口令开始至参考人员喊"操作完毕"结束。20 min 计时铃响时,参考人员不得继续进行操作,否则不记取成绩;

2. 未能正确搭建卫星便携站天线,扣 10 分;

3. 未能正确对星入网,扣 20 分;

4. 未能正确组建会议,扣 10 分;

5. 未能正确使用卫星电话申请链路,扣 5 分;

6. 未能正确上传双流图像,扣 10 分;

7. 声音不清楚、图像不清晰,每一项扣 10 分;

8. 单手提抓馈源头,扣 5 分;线缆接头触地,扣 5 分;通信用语不规范,扣 5 分;扣完为止;

9. 操作失误造成器材损坏,不计成绩。

操作文档:

1. 搭建卫星便携站天线。

2. 对星入网。

3. 组建会议。

4. 使用卫星电话申请链路。

5. 上传双流图像。

6. 测试音视频。

7. 20 min 完成操作。

课目 4：卫星便携站与通信指挥车互联操作

考核目的：

考察参考人员对卫星便携站与通信指挥车互联操作的掌握情况。

场地器材：

模拟高层、地下、石油化工、易燃易爆、隧道等设施，通信指挥车 1 辆（具备音视频综合调试功能），卫星便携站、卫星电话、VOIP 电话、便携发电机及相关设备，通信文档 1 份。

考核程序：

1. 当听到"检查器材"的口令后，参考人员检查考核器材。检查完毕，举手示意，喊"检查完毕"。

2. 当听到"开始"的口令后，参考人员选址架设（勘察地形、罗盘选向、选址架设、连接设备、加电运行）、寻星调整（校正水平极化、调整俯仰角、转动方位角、对星锁定）、申请链路、入网进会、音视频通信（本地测试、组建会议、会议测试、摄像机推拉摇移操作）、VOIP 电话通信。操作完毕后，举手喊"操作完毕"。

3. 当听到"考试结束"的口令后，参考人员立即停止操作，离开考场。

操作要求：

1. 清楚天线架设俯仰角、方位角、极化；

2. 使用卫星电话申请链路；

3. 通信用语规范;

4. 音视频通信畅通,图像清晰、声音清楚;

5. 摄像机推拉摇移操作规范、构图合理;

6. VOIP 电话通清晰;

7. 20 min 内完成全部操作。

成绩评定:

1. 计时从"开始"口令开始至参考人员喊"操作完毕"结束。20 min 计时铃响时,参考人员不得继续进行操作,否则不记取成绩;

2. 不清楚天线架设俯仰角、方位角、极化扣 10 分;

3. 未使用卫星电话申请链路扣 10 分;

4. 通信用语不规范扣 10 分;

5. 音视频通信不畅或不清晰,每有一项扣 20 分;

6. 摄像机推拉摇移操作不规范、构图不合理,每有一项扣 10 分;

7. VOIP 电话不通或通话不清晰,扣 10 分。

课目 5:现场指挥部通信中心搭建组网

考核目的:

考察参考人员对现场指挥部通信中心搭建的掌握情况。

场地器材:

模拟高层、地下、石油化工、易燃易爆、隧道等设施,卫星移动站、语音和图像综合管理平台、超短波转信台、短波电台、音视频设备、办公设备、供电设备、帐篷,以及通信联络文件等。

考核程序:

1. 当听到"检查器材"的口令后,参考人员检查考核器材。

检查完毕,举手示意,喊"检查完毕"。

2. 当听到"开始"的口令后,参考人员架设语音综合管理平台(接入超短波电台、调音台等设备,加电运行),选址架设卫星便携站(选址架设、加电运行、对星入网、申请链路、入会测试),选址架设超短波转信台(选址架设、加电运行,扩大现场指挥网覆盖范围或延伸战斗网通信距离),选址架设短波电台(选址架设、加电运行、调整频道、收发信测试),音视频通信测试(使用规范用语呼叫、应答),操作完毕后,举手喊"操作完毕"。

3. 当听到"考试结束"的口令后,参考人员立即停止操作,离开考场。

操作要求:

1. 正确架设卫星便携站;

2. 正确架设语音综合管理平台及其附属超短波电台、调音台等外围设备;

3. 正确架设超短波转信台;

4. 正确架设短波背负台;

5. 正确组建与士官学校指挥中心之间的会议;

6. 音视频通信畅通、图像清晰、声音清楚;

7. 60 min 内完成全部操作。

成绩评定:

1. 计时从"开始"口令开始至参考人员喊"操作完毕"结束。60 min 计时铃响时,参考人员不得继续进行操作,否则不记取成绩;

2. 未能架设卫星便携站,扣 20 分;

3. 未能架设语音综合管理平台及调音台等外围设备,扣 10 分;

4. 未能架设超短波转信台,扣 10 分;

5. 未能架设短波背负台,扣 10 分;

6. 未能组建与士官学校指挥中心之间的指挥视频会议,扣 10 分;

7. 通信不畅通、图像不清晰、声音不清楚,每一项扣 10 分;

8. 线缆接头触地,扣 10 分;单手提抓馈源头,扣 10 分;

9. 操作失误造成器材损坏,不计成绩。

操作文档:

1. 架设卫星便携站;

2. 架设语音综合管理平台及其附属超短波电台、调音台等外围设备;

3. 架设超短波转信台;

4. 架设短波背负台;

5. 组建与士官学校指挥中心之间的会议;

6. 测试每套设备音视频;

7. 60 min 内完成全部操作。